Wider den Genrausch
Eine Jahrhundertbegegnung
Doris Weber im Gespräch mit Erwin Chargaff

IMPRESSUM

Wider den Genrausch

Eine Jahrhundertbegegnung
Doris Weber im Gespräch mit Erwin Chargaff
Gestaltung: Andreas Klinkert
Fotos: Werner Eiermann
Druck: Druckhaus Bayreuth
© Dezember 1999 by Publik-Forum
Verlagsgesellschaft mbH
Postfach 2010
61410 Oberursel
ISBN: 3-88095-101-2

Wider den Genrausch

Eine Jahrhundertbegegnung

Doris Weber im Gespräch mit Erwin Chargaff

Inhalt

Erwin Chargaff, geboren 1905 in Wien, Studium
der Chemie, seit 1935 an der Columbia Universität
in New York, seit 1952 Professor der Biochemie,
seit 1970 Direktor des Biochemischen Instituts, 1975
mit der National Medal of Science, der höchsten
wissenschaftlichen Auszeichnung der USA, in den
Ruhestand verabschiedet. Erwin Chargaff ist ein
berühmter Zeitzeuge des Jahrhunderts.

Prolog

Bei 001 pochte mein Puls noch ganz normal, da lag noch eine große Entfernung zwischen mir und ihm, aber je näher ich mich mit der Tastatur meines Telefons an die Metropole in Amerika heranwählte, desto schneller schlug mein Herz. 2–1–2, die Vorwahl von New York, jetzt war ich ganz nahe bei dem Mann, den ich seit Jahren schon so gerne sprechen wollte, ... oder lieber doch nicht?! Schnell flog der Hörer auf die Gabel und ich redete mir ein: wer will schon mit 94 Jahren von neugierigen Journalisten aufgestöbert werden? Der will doch seine Ruhe haben, beschloss ich und glaubte, meine eigene Ruhe zu finden. Irrtum. Ein paar Tage später erfolgte eine erneute Mutprobe, Versuch Nummer 17: zuerst also die 001 – dann die 212 – New York hatte ich im Netz, und diesmal waren meine vorauseilenden Bedenken langsamer als meine Finger auf der Tastatur des Telefons. Plötzlich höre ich eine Stimme:»Hallo«. Ich denke, ich habe mich verwählt. »Hallo??« fragte die Stimme erneut. »Sind Sie es, Herr Chargaff«, höre ich mich sprechen. »Ja, ich bin es, höchst persönlich, wer ist denn da?« Ich stammle meinen Namen, mein Anliegen und erwarte die Absage: »So«, sagt Erwin Chargaff, »ein Interview wollen Sie mit mir machen? Dann kommen Sie schnell, ich bin bald 95, wer weiß, wie lange ich noch lebe, und das Jahrhundert geht dem Ende zu.«

Wir verabreden uns im Mai. Bis dahin sind es noch drei Monate. Ende April soll ich noch einmal anrufen und mich vergewissern, ob er noch lebt. Meinen Terminkalender von 1999 werde ich niemals wegwerfen, später werde ich ihn meinen Enkelkindern zeigen und sagen: guckt mal, am 26. Mai 1999 um 14 Uhr habe ich Erwin Chargaff besucht, und am 27. Mai noch mal. Und was ich zu diesem Zeitpunkt noch gar nicht wissen konnte: am 28. Mai gingen wir Arm in Arm im Central Park spazieren. Aber davon später. Und dann erzähle ich meinen Enkelkindern – wir schreiben vielleicht das Jahr 2015 – von meiner ganz persönlichen Jahrhundertbegegnung in diesen letzten Monaten des alten Jahrtausends.

N och sechs Wochen, und ich fliege nach New York zu diesem großen alten Herrn. Bis dahin muss ich noch mindestens fünf Bücher von ihm gelesen haben. »Das ist ja schrecklich«, sagt Erwin Chargaff zu mir, »lesen Sie nicht zu viel von mir, Sie werden ja sonst noch ganz verrückt.« Erwin Chargaff hat ganz andere Sorgen, was meinen Besuch in New York angeht. Seit unserer telefonischen Verabredung schicken wir uns sporadisch kleine freundliche Briefe, am 5. Mai schreibt mir Erwin Chargaff: »Ich weiß nicht, wie gut Sie die New Yorker Umstände kennen. Daher möchte ich Sie aufmerksam machen, dass für Taxifahrten vom Kennedy-Airport nach Manhattan eine Einheitsgebühr von 30 Dollar vorgeschrieben ist. Fremde werden gerne geschröpft. Ich wünsche Ihnen einen guten Flug.« Von Amsterdam bis New York habe ich nonstop gelesen in Erwin Chargaffs Buch »Ein zweites Leben«, autobiografische und andere Texte. »Schon als Bub«, so schreibt er, »habe ich zu mir gesagt: Unzählige Glocken hängen im Himmel, eine jede mit ihrem Ton, und du kannst viele davon läuten. Auf einer dieser Glocken stand ›Sprache‹ geschrieben und auf einer anderen ›Dichtung‹. Auch ein Glöckchen hing da herum, auf dem stand ›Wissenschaft‹, aber meine Kinderaugen hatten es noch nicht erspäht.« – Doch genau dieses Glöckchen schlug Erwin Chargaff zuerst an, erst viel, viel später erklang das helle Glöckchen seiner Dichtung, erst in seinem zweiten Leben.

D a stehe ich nun, im Foyer dieses herrlichen alten Hochhauses direkt am Central Park. Seine Frau, so werde ich später erfahren, hat die Wohnung im 13. Stockwerk vor über dreißig Jahren gefunden. Ein Wunder war das für New Yorker Verhältnisse. Sie lief die Straßen rund um den Central Park so lange ab, bis sich eines Tages diese Chance bot. Der »Bellman« vor dem Fahrstuhl mustert mich fragend: »Professor Doktor Erwin Chargaff«, antworte ich unaufgefordert. »You are welcome.« Während meiner Fahrt in den 13. Stock informiert er Mister Chargaff, dass eine Lady in wenigen Sekunden bei ihm klingeln wird. Ein bisschen zittern meine Hände, jetzt höre ich seine Schritte, ein Stock gibt leise den Takt neben seinen Füßen an. Kommen Sie herein, lächelt er höflich, fast ein wenig schüchtern. Der alte Mann und die Gentechnik, denke ich und sehe sein weißgraues dichtes Haar, seitlich gescheitelt, seine braunen Augen, gütig und traurig, klug und weise. Durch die offenen Fenster dringt der Lärm der Welt. »Bald wird es heiß«, sagt er, »so heiß, dass man es kaum aushält in der Stadt.« Was wird er dann tun? »Nichts, leben, so wie ich immer lebe.«

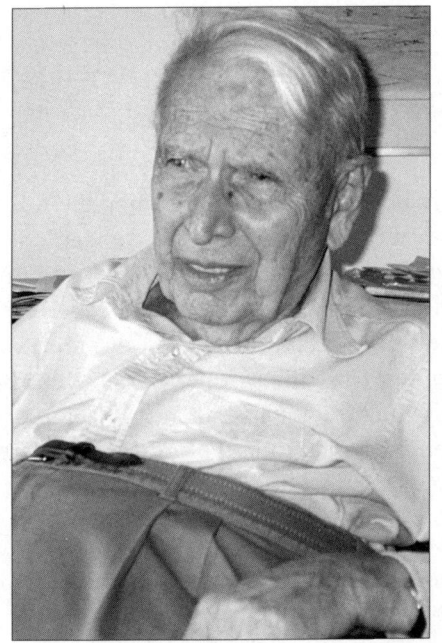

1
Der Nörgler
»Es hätte besser sein können«

Wenn einem Zeitalter Glaube, Liebe, Ehre, Treue, Gewissen als herzensnahe Begriffe verloren gegangen sind, kann es sie nicht im Fundbüro abholen. Hat die Welt sie verloren, so ist sie eben eine verlorene Welt. ∎

Aus: **»Ein zweites Leben«**

Aber ihr Menschen, ihr habt euch blöd machen lassen«, schimpft der alte Mann in New York aus dem 13. Stockwerk auf die Welt herab. »Alle Verblödungskräfte unserer Zeit zielen auf den Einzelnen, um ihm das zu nehmen, was ihn einzeln macht. Sie zwängen ihn in die Dionysien einer Scheinwelt, in der Marmor so aussieht wie Pappendeckel, Golgatha wie Hollywood. Dort, wo ich lebe, wird schon den kleinsten Kindern, – noch sind sie hinten mit Windeln ausgestopft – ein Bildchen und ein Tönchen vorgegaukelt, komische Figuren, aus Disneys Korporationsstall entsprungen, lullen sie vorsorglich in den Glauben, ihr ganzes Leben werde als kolorierter Trickfilm verlaufen. Da schon ihre Eltern oft des gleichen Glaubens waren, besteht die Gefahr der Vertrottelung als ehrbarer Familientradition.« Und bei solcherart Verblödung, die schon mit der Zurichtung des Kleinkindes beginnt, erfasst den alten Mann »Abscheu vor der Weltgeschichte.«

DORIS WEBER: Herr Chargaff, die Menschen befinden sich am Ende dieses Jahrtausends in einem Millenium-Taumel, sie feiern oder sie fürchten das kommende Jahrtausend, es herrscht wilde Euphorie und zugleich tiefe Verzweiflung, es ist ein merkwürdiger Zustand, in dem sich die Menschheit auf dieser Schwelle zum dritten Jahrtausend befindet. Sie, Herr Chargaff, sind 1905, am Anfang dieses Jahrhunderts geboren, und sie waren von Ihrer Jugend an ein wacher und kritischer Beobachter der Zeit und der Welt, in die Sie hineingeboren wurden. Und nun, am Ende dieses Jahrhunderts, kommen Sie mit wenigen Worten zu dem Schluss: «Viele einzelne Menschen tun mir unendlich leid, aber uns ist nicht zu helfen. Wir sind verloren geboren.» Warum sind wir verloren geboren?

»Wem Gott das Herzklopfen nimmt, dem nimmt er bald das Herz«

ERWIN CHARGAFF: Ich sage das aus Erfahrung, aus Kenntnis der Geschichte. Die Stellung des Menschen in der Welt ändert sich ja nicht. Es ist ja noch immer derselbe Homo sapiens, den es schon vor zweitausend Jahren gegeben hat oder viel früher noch. Was sich ändert hingegen sind die Bedingungen, unter denen die Menschen in den verschiedenen Jahrhunderten haben leben müssen oder haben leben wollen und die Änderungen, die eben die Zeitläufte mit sich bringen. Es ist ja kein Geheimnis, dass viele

Menschen, mich eingeschlossen, den Eindruck haben, dass das jetzt zu Ende gehende Jahrhundert eines der bestialischsten der Weltgeschichte ist. Von 1900 bis 1914 war die Welt relativ ruhig. Mein Vater zum Beispiel, der 1870 geboren wurde und 1934 gestorben ist, hat eigentlich nur den Weltkrieg an sich miterlebt, sonst aber nichts. Er hat vierzig, fünfundvierzig Jahre Ruhe gehabt. Und zwischen 1870 und 1914 ist in Österreich, wo er zum Teil in Wien, zum Teil in der Provinz gelebt hat, nicht viel passiert. Mein Vater hat nie einen Pass besessen, denn um nach Deutschland zu fahren, brauchte man ihn nicht, und er ist nicht viel in der Welt herumgekommen. Und so würde man sagen, er hat ein friedliches Leben gehabt. Dann aber, von 1914 an, hat er nicht einen Moment Ruhe gehabt. Er war, wie die meisten Österreicher, ein begeisterter Habsburger. Die Monarchie hat damals viel Zuneigung

ch denke nicht, dass ein Mensch, der genug Zeit gehabt hat, unser Jahrhundert zu betrachten, einen anderen Schluss ziehen kann, als dass es immer finsterer geworden ist. Er hat schon längst den Eindruck gewonnen, dass wir in den Händen von Dummköpfen und Schurken sind, dass nichts Großes geschehen kann, ohne sofort zerplappert, beschmutzt und ausgelöscht zu werden, dass das künstliche Licht, das Politik, Technik und Wissenschaft auf das immer dunkler werdende Leben zu werfen vorgeben, es nur mehr verfinstern. Aber es scheint mir, dass die Trottel jetzt viel mehr Einfluss haben als vorher. ■ Aus: »**Ein zweites Leben**«

gefunden, und so hat mein Vater seine ganzen Ersparnisse im Jahre 1914 sofort in eine Kriegsanleihe angelegt, welche, als sie dann im Jahre 1921 zurückgekauft wurde, genau ausgereicht hat für eine Straßenbahnfahrt. Die erste große Inflation, die sich in Deutschland und Österreich in den Jahren 1921 bis 1923 abgespielt hat, ist etwas Unglaubliches gewesen. Damals war das eine wahre Katastrophe, die Patrioten hatten ihre Ersparnisse verloren gehabt.

Ich bin im Jahre 1905 geboren und habe wirklich, kann ich sagen, keine ruhige Minute gehabt. Ich war neun Jahre alt, als der Erste Weltkrieg ausgebrochen ist, und dann wieder 34 Jahre alt, als der Zweite ausgebrochen ist. Ich war zu jung für den Ersten, ein bisschen zu alt für den Zweiten. Denn in Amerika hat man erst von 1940 an mobilisiert, ich aber war 35. Und ich war da draußen in Amerika, hab' das alles mitangesehen und zum Teil miterlebt und sicherlich mitgefühlt. Mein Eindruck ist, dass es ein kurzes Jahrhundert gewesen ist von 1900 bis 1980. Mit dem Ende des Weltkrieges und der Wende in Deutschland ist eine andere Zeit angebrochen. Aber diese 80 Jahre waren wahrscheinlich, historisch gesehen, eine der fürchterlichsten Perioden der Weltgeschichte. Die Menschen haben sich mehr verändert, haben mehr durchgemacht in dieser Zeit, als frühere Generationen es mussten.

Ich habe Glück gehabt, denn ich bin eigentlich nie Flüchtling gewesen, ich bin immer dem Strom vorausgewandert. Ich war 1928 bis 1930 bereits in Amerika wegen meiner wissenschaftlichen Studien, und ich bin das zweite Mal 1934 wieder hier angekommen, ich habe meine Kollegen, die später vor Hitler geflohen sind, alle hier begrüßen können. Ich habe ihnen sogar zum Teil helfen können, denn ich habe schon eine feste Stellung gehabt.

DORIS WEBER: Ihre Aussage: »Wir sind verloren geboren«, bezieht sich die auf den Menschen generell?

ERWIN CHARGAFF: Ja, das »Wir« bezieht sich auf Menschen generell. Das ist ein metaphysischer Aphorismus, wenn Sie wollen, an dem ich festhalte. Die Worte stehen für sich selbst. Genauso, wie man sagt: das ist ein geborener Schwätzer, sage ich, der Mensch ist ein geborener Verlorener. Das ist vielleicht, wenn Sie wollen, etwas heideggerisch geredet, dass man in die Welt geworfen ist. Man sucht sich weder seinen Geburtsort noch seine Geburtszeit aus, man wird plötzlich konfrontiert mit einem Kataklysmus, den man gar nicht beschreiben kann ...

DORIS WEBER: ... und dem der Mensch auch gar nicht gewachsen ist?

ERWIN CHARGAFF: Wenige sind dem gewachsen. Man kann nur wegschauen. Die meisten sind dem gewachsen, weil sie überhaupt nicht intelligent genug sind, um das Ganze aufzunehmen. Wir haben ja jetzt Maschinen gemacht, die zur Verblödung gedacht sind. Die wichtigste Verblödungsmaschine ist das Fernsehen, oder, wenn ich weiter gehen darf, die Medien. Dazu kommt dann der Computer und alles das, so dass die Leute eigentlich ihr Leben damit verbringen können, »to surf in the Internet«, wie man sagt, also im Internet herumzuvagabundieren, hier etwas aufzunehmen und da etwas aufzunehmen. Happen von irgendwas, was ihnen weder etwas sagt noch irgendwie hilft. Die philosophischen Kapazitäten der Menschheit haben stark abgenommen. Wenn man bedenkt, dass Kant, seine »Kritik der reinen Vernunft«, von gewöhnlichen Menschen gelesen wurde, nicht nur von fachmännischen Philosophen, und dass solche Leute wie Novalis oder Hölderlin durchaus der Philosophie ihrer Zeit gewachsen waren, kenne ich heute dagegen kaum jemanden, außer Fachleuten, der das von sich sagen kann.

> »Gott wartet immer um die Ecke; aber es ist kalt und windig auf dieser Straße«

DORIS WEBER: Bei Ihrem Wort »Verlorenheit« habe ich immer ein Bild vor Augen: der Mensch, der in der Herde trottet, der sich im Strom der Masse treiben lässt, der passiv vor dem Fernseher sitzt und sich die Welt ins Haus holt, anstatt aktiv nach draußen zu gehen, um sich die Welt selbst zu erobern, mitzugestalten. Ist das Verlorenheit?

ERWIN CHARGAFF: Das ist ein Teil der Verlorenheit, ja, das ist mit eingeschlossen. Ich habe verschiedene Metaphern verwendet in verschiedenen Zeiten, und man kann auch sagen, dass das eigentlich einem frommen Christen nicht so fremd sein sollte, denn die Erlösung ist eben das, was die Verlorenheit aufhebt: die Gnade, die Erlösung. Aber erst einmal bleibt es dabei: der Mensch ist verloren geboren.

DORIS WEBER: Wir sind verloren, weil wir aus dem Paradies ausgestoßen wurden?

ERWIN CHARGAFF: Wenn Sie wollen, ja. Ja. Aber es ist nicht gesagt, wie ich mich im Paradies gefühlt hätte. Ich hätte wahrscheinlich auch dort genörgelt irgendwie, aber ich weiß es nicht. Ja, Sie haben ganz recht.

DORIS WEBER: Und Sie, sind Sie auch ein Verlorener.

ERWIN CHARGAFF: Ja sehr, sehr. Selbstverständlich. Ich strampele mit Hand und Fuß, und manchmal komme ich ans Licht, wenn Sie wollen, jetzt immer weniger, wo ich so alt geworden bin. Aber ich glaube schon, dass die Verlorenheit aufgehoben wird, wenn man Mozart hört, zum Beispiel. Wenn man Claudius liest, Hölderlin, die große Lyrik, oder Haydn oder Bach hört. Ich habe Musik sehr gern. Meine Verlorenheit heb' ich auf, indem ich etwas aus der klassischen Zeit höre.

»**Wenn der Kopf fühlen könnte, was das Herz vergessen hat, stünde es besser um die Welt**«

DORIS WEBER: Sie haben gerade gesagt: auch im Paradies wäre ich ein Nörgler. Sie beschreiben sich selbst als einen Nörgler. Andere nennen Sie einen Pessimisten, wieder andere einen Rufer in der Wüste. Gefallen Ihnen solche Begriffe?

ERWIN CHARGAFF: Rufer in der Wüste ist ganz richtig, Pessimist ist auch richtig. Nur muss man richtig verstehen, was ein Pessimist ist. Wenn jemand ein gläubiger Christ ist, kann er kein Pessimist sein. Denn was immer Verlorenheit in der Welt auslöst, ist aufgehoben durch das, was das Evangelium verspricht oder predigt. So dass man sagen kann, die Frömmigkeit ist eine der größten Glücksgaben, die ein Mensch überhaupt haben kann. Ich beklage es für mich selbst sehr, dass ich kein frommer Mensch bin. Ich beneide die Menschen, die das haben.

DORIS WEBER: In Ihren Büchern kommt sehr oft das Wort »Gott« vor. Ich habe immer einen Kringel um dieses Wort gemacht. Es kommt sehr oft das Wort »Ehrfurcht« vor und sehr, sehr oft das Wort »Liebe«. Aber an keiner Stelle sagen Sie: Ich bin gläubig. Ich vermute, solche Bekenntnisse wären Ihnen zu plump.

ERWIN CHARGAFF: Ich hab' kein Recht. Ich bin nicht einmal ein Jude, ich bin gar nichts. Ich habe nie einer Religion angehört, denn meine Eltern haben mich davor bewahrt. Die waren selbst nicht ganz so wie ich, aber ein bisschen. Ich sehe wirklich mit Neid auf die wenigen Menschen, die ich getroffen habe, von denen ich geglaubt habe, sie sind wahre Christen. Ich kenne keine wahren Juden, denn ich habe keinen Umgang gehabt mit Orthodoxen, die wahrscheinlich die Einzigen sind, die das von sich sagen würden. Ich kenne viel mehr Christen.

DORIS WEBER: Glauben Sie denn an irgendetwas?

ERWIN CHARGAFF: Da kann ich nur mit einem Aphorismus antworten. Der steht in meinem Buch »Bemerkungen«: »Wer von seinem Glauben reden kann, hat keinen.«

DORIS WEBER: Das heißt, Sie können nicht von Ihrem Glauben reden?

ERWIN CHARGAFF: Nein, ich will nicht von meinem Glauben reden.

DORIS WEBER: Wenn Sie könnten, hätten Sie keinen.

ERWIN CHARGAFF: Nach meiner Behauptung, ja.

DORIS WEBER: Deshalb frage ich noch mal nach. Sie können nicht über Ihren Glauben sprechen?

ERWIN CHARGAFF: Nein.

DORIS WEBER: Von Karl Kraus haben Sie gelernt, wie wichtig der Beruf des Nörglers ist.

ERWIN CHARGAFF: Richtig. Das Wort »nörgeln« habe ich zuerst kennen gelernt in seinem Werk »Die letzten Tage der Menschheit«, wo der Kraus selbst unter dem Namen »Nörgler« immer wieder auftritt, in dem großen Theaterstück. Ich betrachte mich als einen mäßigen Schüler von Karl Kraus, er war mein einziger wirklicher Lehrer.

DORIS WEBER: Das Nörgeln macht Ihnen Spaß?

ERWIN CHARGAFF: Nein. Aber schauen Sie, es gibt so viele Schmeichler auf der Welt, dass hier und da eben der Pfeffer und das Salz eines Nörglers unbedingt notwendig sind. Nicht viele Menschen, wenige sind eigentlich dazu geeignet, denn das Komische ist ja, wenn man die verschiedenen Literaturzweige anschaut, wird man merken, dass die Satiriker sehr selten sind in der Literatur. Es gibt also triumphatorische Äußerungen, zelebratorische Äußerungen, Schiller ist eine große Trompete, die man schon genug gehört hat, da läuten einem schon die Ohren. Aber es gibt sehr wenige Nörgler. Es gibt den großen Jonathan Swift, der vielleicht der Größte von allen war für meinen Geschmack, viel größer als der Kraus.

DORIS WEBER: Warum sind die Nörgler wichtig?

ERWIN CHARGAFF: Erstens, weil sie selten sind, und zweitensweil sie fast immer Recht behalten. Allerdings nur im Nachhinein. Der Karl Kraus hat eigentlich an Bedeutung gewonnen, seit es ihn nicht mehr gibt. Heute sieht man, wie klarsichtig er war. Ein Nörgler ist häufig ein Prophet. Und man kann ja sagen, dass Jeremias, Jesaja zu den größten Nörglern gehörten, das wird nur nicht so gesehen. Der Juvenal, der ein herrlicher Dichter ist, ist auch ein großer Nörgler gewesen.

DORIS WEBER: »Rufer in der Wüste« werden Sie auch genannt, gefällt Ihnen das?

ERWIN CHARGAFF: Na ja, ich weiß nicht. Wenn die anderen sagen, wir sind die Wüste, kann ich sagen, ja, ich bin der Rufer. Aber ich habe nicht das Recht, jemanden zur Wüste zu ernennen.

DORIS WEBER: Sind die anderen dumm?

ERWIN CHARGAFF: Nein, die anderen sind nicht dumm. Im Gegenteil, sie sind lebensklug. Schauen Sie, es gibt sehr viel mehr
Verstand in der Welt, als man glaubt. Aber Leute haben die
Fähigkeit, ihn abzudrehen. So, wie man elektrisches Licht ab-
schalten kann. Ich will nicht sagen, die Menschen sind besser,
als sie erscheinen, sie sind ja gar nicht gut. Aber sie
sind häufig klüger, als sie erscheinen, aber sie
nehmen's nicht zur Kenntnis. Nehmen Sie die Deutschen und den Hitler. Wenn man wollte, hat man
sehr viel wissen können. Warum haben aber die
meisten wirklich nichts gewusst? Nicht, weil sie so
nachlässig waren, sondern weil sie es nicht wissen
wollten. Etwas in ihnen hat sich gesträubt gegen das
Ganze. Und man kann ja nicht erwarten, dass ein
ganzes Volk auswandert, ein gewisser Prozentsatz
hat ja sympathisiert. Und die meisten anderen haben sich halt
um ihre Stellen gekümmert und gehofft, dass ihr Scheck jeden
Monat ankommen wird. Und sie haben sich gesorgt darum, ob
sie eine neue Matratze kaufen müssen, was halt im Leben alles
vorgeht. Sie haben kaum die Gelegenheit gehabt, sich hörbar zu
machen. Und dabei ist es geblieben.

> **»Wenn man dem Teufel einen Finger reicht, gibt er einem die ganze Hand«**

DORIS WEBER: Aber warum wollen die Menschen nichts wissen.
Wir informieren uns doch den ganzen Tag und wissen offen-
sichtlich trotzdem sehr wenig. Es gibt Radio zum Hören, Fernsehen zum Sehen. Die ganze Welt lässt sich jeden Tag freiwillig
mindestens fünf, sechs Stunden ihres Lebens stehlen vor dem
Fernseher.

ERWIN CHARGAFF: Ja, so ist's. Sie zitieren mich. Ich besitze ja
keinen Fernseher. Ich habe mich von vornherein etwas isoliert.
Ich habe nie einen Fernsehen gehabt.

DORIS WEBER: Warum?

ERWIN CHARGAFF: Weil ich das nicht in mein Zimmer lass, so etwas. Lügen kann ich selbst, wenn ich wollte. Die Bilder, die uns der Fernseher in die Wohnung bringt, sind grässlich, sie sind ausgesucht grässlich, ausgesucht im wahrsten Sinne des Wortes. Vergessen Sie nicht, dass Sie ja nicht das sehen, was Sie meinen zu sehen. Sie sehen ja nicht alles, sondern jemand sieht für Sie, jemand hat schon vorher ausgesucht, was Sie zu sehen bekommen. Nun habe ich ein sehr unangenehmes Gefühl gegenüber Menschen, die für mich denken wollen, die für mich sehen wollen, die für mich sprechen wollen. Das möchte ich selbst besorgen in meiner Einfalt. Was ich nicht aufnehmen kann, das kann ich eben nicht aufnehmen. Ich will aber nicht, dass jemand aussucht, was für mich gut ist zu wissen. Wir haben einen Sohn, und als er noch bei uns wohnte, hat er einen Fernseher gehabt bei sich im Zimmer. Das haben wir natürlich erlaubt, denn man hat ja niemanden tyrannisieren wollen. Er war ein High-School-Boy, und er musste das so tun wie alle andern. Er hat ihn aber auch mitgenommen, als er ausgezogen ist.

Auf uns jedoch spucken die Informationsteufel von rechts und links, es schnattert in den Lüften und sprüht Bilder und Lügen. Es denkt sich schlecht in dieser geistlosen Welt. ∎

Aus: **»Ein zweites Leben«**

DORIS WEBER: Akzeptiert denn die Mehrheit der Menschen diesen geistigen Dämmerzustand. Ist es so eine Art gnädiger Anästhesie, lieber nicht so viel wissen zu wollen, oder wissen die meisten Menschen noch nicht einmal, dass sie kaum etwas wissen?

ERWIN CHARGAFF: Wir leben in einer Welt der Heucheleien. Man kann weder in das Herz des Papstes schauen noch in das Herz eines Verbrechers. Man kann nirgendwo hineinschauen, wir leben in einer heuchlerischen Welt. Aber wenn sie nicht heucheln, würden die meisten Menschen wahrscheinlich zugeben, dass sie sich wenig Gedanken darüber machen, warum sie leben. Pascal hat gesagt, der Mensch ist weder Engel noch Bestie, also er meint: so und so, das dürfte das Richtige sein.

DORIS WEBER: Und wenn die Menschen eines Tages sterben, dann haben sie nie wirklich gelebt?

ERWIN CHARGAFF: Weiß nicht, solange sie in der Früh aufgestanden sind, zur Arbeit gegangen sind, ihre Kinder erzogen haben, die Familie erhalten haben, haben sie die Funktion eines Menschen erfüllt. Ich meine, in früheren Zeiten hätte man gesagt, solange sie aufs Feld gegangen sind und gegraben oder Obst gepflückt oder Marmelade eingekocht haben oder was immer, haben sie eigentlich alles getan, was die Welt von ihnen erwartet. Ich habe keine zu großen Ansprüche an die Menschen. Ich bin durchaus bereit zu verstehen, dass sie eben so sind, so geboren, dass sie so leben und so sterben, wie sie müssen.

DORIS WEBER: Und da ist doch auch dieser Satz, den Sie so oft verwenden: »Lasst euch nicht blöd machen.«

ERWIN CHARGAFF: Ja. Mit Blödmachen meine ich ja eigentlich, sich zu etwas überreden lassen, wogegen man eigentlich aus Überzeugung ist. Diese tückische Art der Überredung, die ja schon in der Philosophie der Reklame liegt, die ständige Wiederholung, das hübsche Bild. Ich meine, hier zu Lande kauft man ja ein Abführmittel, wenn die Musik schön ist, mit der es angepriesen wird. Das ist das Blödmachen.

DORIS WEBER: Haben Sie an sich selber große Ansprüche gehabt?

ERWIN CHARGAFF: Nein, nie.

DORIS WEBER: Sie waren immer zu bequem, haben Sie über sich selbst gesagt.

ERWIN CHARGAFF: Ja. Sokrates sagte: Ein nicht bedachtes Leben ist ein verlorenes Leben ... oder so ähnlich. Das finde ich dumm, das ist eine triviale Äußerung. Man kann ja nicht Tag und Nacht über sich und seine Pflichten nachdenken. Die Menschen leben, wie sie leben. Die meisten Menschen wären erstaunt, wenn man ihnen sagt, sie sollen Rechenschaft darüber geben, wozu sie gelebt haben, warum sie gelebt haben. Sie haben gelebt, weil ihre Eltern sie erzeugt haben, weil sie zu feige waren, um Selbstmord zu begehen. Deshalb haben sie gelebt. Aber ich glaube nicht, dass man zu viele Ansprüche haben darf, die hab' ich wirklich nicht. Was ich geschrieben habe, sind »Tränodien«, Trauergesänge. Es tut mir leid, es ist dumm zu sagen, mir tun die Menschen leid. Aber ich zitiere oft aus Strindbergs »Traumspiel« die Stelle: »Es ist schade um die Menschen.« Und das würde ich auch sagen. Es hätte besser sein können.

DORIS WEBER: Aber wenn Sie Ihr eigenes Leben betrachten, Sie sind bald 95 Jahre alt, Sie gehören zu den berühmtesten Naturwissenschaftlern in diesem Jahrhundert, Sie sind eine unentbehrliche und mutige Stimme für alle, die sich mit den Gefahren der Gentechnik, mit der Manipulation des Erbguts, mit Klonen usw. auseinander setzen. Die Gentechnik wird zur gesellschaftlichen und ethischen Herausforderung des kommenden Jahrhunderts werden, und da wird man Sie immer wieder zitieren. Sie waren der Mitentdecker der Gentechnik und haben dann laut gerufen: Sofort aufhören, das ist gefährlich, was da geschieht! Ihre Stimme wird auch im kommenden Jahrhundert nicht verhallen. Also könnten Sie für sich doch beruhigt sagen, Ihr Leben hat einen Sinn gehabt.

»Die Wahrheit ist immer einfacher als der Weg zu ihr«

ERWIN CHARGAFF: Ich weiß nicht. Alles ist ein Zufall. Nichts ist ein Zufall. Ich hab' das nicht durchdacht. Es hat sich so ergeben. Ist alles von selbst gekommen. Ich glaube, das ist auch eine Täuschung, wenn man glaubt, man kann an sich arbeiten. Es arbeitet in einem. Vielleicht ist es wirklich die Vorsehung, was immer, dass man selten vor die Wahl gestellt wird. Wissen Sie, ich habe mir auch die Forschung nicht ausgesucht. Ich bin hineingeschlittert. Ich führe kein sehr bewusstes Leben, dass ich sage, jetzt muss man das tun. Es tut sich irgendwie von selbst.

DORIS WEBER: Aber man muss sich bereithalten, zur Verfügung stellen, damit es »in einem arbeiten kann«.

ERWIN CHARGAFF: Ich hatte ein glückliches Elternhaus, ich war sehr glücklich verheiratet: Ich trauere noch immer sehr über den Verlust meiner Frau, die vor vier Jahren gestorben ist. Wir waren 66 Jahre verheiratet, und das ist eine Art von Amputation, wenn man zurückbleibt.

»Wenn man die Menschen dazu bringen könnte, die Masken hinter Gesichtern zu verstecken«

DORIS WEBER: Ist es schlimm für Sie?

ERWIN CHARGAFF: Mit wem könnte ich darüber sprechen? Ich hatte eine wunderbare Frau.

DORIS WEBER: Können Sie über das Glück sprechen?

ERWIN CHARGAFF: Ja, natürlich. Ich bin glücklich im Lesen meiner Bücher, ich bin glücklich, wenn ich in einer angenehmen Gegend spazieren gehen kann, solange ich noch konnte, jetzt kann ich ja kaum gehen, und ich war glücklich mit meiner Frau, wie gesagt, und glücklich mit meinem Sohn, solange er in meiner Nähe war. Er ist ja selbst schon fast ein alter Mann. Er ist 60.

DORIS WEBER: Und ist er auch Naturwissenschaftler?

ERWIN CHARGAFF: Nein, er war bei der Mordkommission in Los Angeles, er ist gerade pensioniert worden.

DORIS WEBER: Hatten Sie oft Angst um ihn?

ERWIN CHARGAFF: Nein. Er hat nie geschossen im Leben. Er kann schießen, aber er hat nie eine Waffe gebraucht. Ein Detektiv in diesen großen Städten ist ja wirklich mehr jemand, der irgendwo sitzt und die öffentlichen Verkehrsmittel benutzt, Fax und Computer usw.

DORIS WEBER: Waren Sie einverstanden mit seiner Berufswahl?

ERWIN CHARGAFF: Er hat mich nicht gefragt. Aber ja, ich wäre ohne weiteres einverstanden gewesen. Es ist nicht entscheidend was ein Mensch tut. Ob er ein gutes Herz hat, das ist entscheidend. Mein Sohn hatte immer ein gutes Herz, das war mir das Wichtigste.

DORIS WEBER: Sie waren kein strenger Vater?

ERWIN CHARGAFF: Ich hab' nur gefürchtet, dass er selbst auch Naturforscher werden will. Da hätte ich ihm abgeraten.

DORIS WEBER: Das wollten Sie nicht?

ERWIN CHARGAFF: Nein. Die Situation heute ist nicht mehr gut. Wenn ich jetzt als junger Mann zu wählen hätte, ich würde es auch nicht mehr wollen.

DORIS WEBER: Als ich Sie von Deutschland aus angerufen habe, sagten Sie zu mir: wir haben eine große Wohnung. Sie wollen nach dem Tod Ihrer Frau nicht mehr lernen »Ich« zu sagen?

ERWIN CHARGAFF: Sehen Sie, meine Frau hat diese Wohnung gefunden. Sie war sehr stolz darauf, das war 1961. Ich bin sehr glücklich mit dieser Wohnung.

DORIS WEBER: Ja. Aber dieses Wir, ...

ERWIN CHARGAFF: ... das sag' ich. Ja, ich hab' es so viele Jahre verwendet.

DORIS WEBER: Als ich das erste Mal mit Ihnen im Februar telefoniert habe, sagte ich Ihnen, dass ich im Mai nach New York kommen wollte. Und sie sagten: im Mai, das ist noch so lange, ich kann Ihnen nicht versprechen, ob ich dann noch lebe?

ERWIN CHARGAFF: Ja, schnell tritt der Tod ein.

DORIS WEBER: Ist dieser Gedanke für Sie beängstigend?

ERWIN CHARGAFF: Nein, gar nicht. Ich meine, ich wurde nicht gefragt, wie ich geboren wurde, ich werde nicht gefragt werden, wie ich sterben soll.

DORIS WEBER: Ist es ein Geschenk, so alt zu werden.

ERWIN CHARGAFF: Nein, man sollte mit 83 Jahren sterben – ungefähr, so wie der alte Goethe. Nein, er war ja 85. Ich war bis zu meinem 90. Lebensjahr sehr gut beieinander bis auf eine Operation, eine gebrochene Hüfte. Ich bin noch sehr viel gegangen. Und erst in den letzten vier Jahren bin ich schwächer und schwächer geworden. Also mit einem Wort: In den 80-ern zu sterben ist wahrscheinlich günstiger als in den 90-ern. Aber ich kann noch immer sagen, ich bin sogar glücklich dran, denn es gibt Leute meines Alters, die ja kaum reden können. Die können nichts als Sitzen. Also mit einem Wort, in der Beziehung bin ich noch halbwegs beieinander.

> **»Seine Werke, mit Herzblut statt mit Tinte geschrieben, sind bereits unleserlich«**

DORIS WEBER: Doch es wird stiller, wie Sie in einem Ihrer Bücher geschrieben haben. Es fehlen die Lebensgefährten, die Freunde.

ERWIN CHARGAFF: Ja. Ich hab' schon wirklich kaum mehr Bekannte. Ich habe nie sehr viele Freunde gehabt, aber die wenigen sind natürlich tot, denn die waren meistens sogar etwas älter als ich. Aber es wird stiller, das liegt im Wesen der Dinge. Wahrscheinlich weniger, wenn man an einem kleinen Ort lebt, wo man noch echte Nachbarn hat. Das gibt es in Amerika und sicherlich auch in Deutschland. Aber hier in diesem Haus hat man keine Nachbarn. Man sagt guten Morgen, wenn man sich sieht, aber sonst nichts.

DORIS WEBER: Leiden Sie unter Einsamkeit?

ERWIN CHARGAFF: Ja, ich würde sagen, ja. Ja.

DORIS WEBER: Und was wünschen Sie? Menschen, die da sind, die mit Ihnen sprechen?

ERWIN CHARGAFF: Nein, hier und da. Ich meine, es vergehen Wochen, wo fast kein normaler Anruf kommt. Ich habe Bekannte, aber da ich Fantasie habe, kann ich mich sehr gut

»Gott schaut immer aus dem kleinsten Spalt«

in die Lage Jüngerer versetzen, die zusammen mit diesem uralten Menschen sitzen sollen. Manchmal haben sie Lust dazu, aber es sind wenige. Ja, Einsamkeit und die Abwesenheit einer zweiten Stimme in der Wohnung ist unerhört bemerkbar. Das merkt man erst, wenn sie nicht mehr vorhanden ist. Wissen Sie, es ist ja nicht so, dass meine Frau trällernd herumgegangen wäre oder singend oder so, aber es war eine Gegenstimme. Jeder Mensch braucht eine Gegenstimme, und die fehlt einem.

DORIS WEBER: Wie verbringen Sie Ihren Tag?

ERWIN CHARGAFF: Ich stehe zwischen sechs und halb sieben auf und gehe zwischen elf und halb zwölf nachts schlafen. Ich ruhe manchmal kurz nach dem Mittagessen. Das ist meine Hauptmahlzeit, weil ich ja keine Haushälterin für den ganzen Tag habe, so dass sie mir nur ein Mittagessen

»Der Teufel trägt durchsichtige Scheuklappen«

kochen kann. Am Abend esse ich nur ein Butterbrot. Ich lese ziemlich viel, werde aber leider Gottes jetzt auch manchmal schläfrig, und das Buch fällt mir aus der Hand. Ich höre Musik, ich hab' sehr viele Platten, auch eine große Zahl von alten Platten und auch CDs. Ich höre sehr gerne Musik, bin aber an sich unmusikalisch. Ich meine, ich habe zu spät angefangen, Klavier zu spielen, und wurde von meinem Lehrer als unbelehrbar aufgegeben. Ich war schon sechzehn Jahre alt, das war zu alt.

DORIS WEBER: Gehen Sie auch noch raus, spazieren?

ERWIN CHARGAFF: Nein, sehr wenig. Weil ich sehr schlecht gehe. Ich werde schon nach zehn Minuten so müde, dass ich mich hinsetzen muss. Ich könnte in Stunden einen kleinen Spaziergang machen, mein Rücken tut dann immer sehr weh.

DORIS WEBER: Lieben Sie die Aussicht aus diesem 13. Stockwerk auf den Central Park.

ERWIN CHARGAFF: Ja, sicher. Ja, ja. Das ist eine wunderschöne Aussicht, und sie ist sogar schön, wenn sie hässlich ist.

DORIS WEBER: Die Aussicht aus dem 13. Stockwerk, so heißt ja eines Ihrer Bücher, da haben Sie geschrieben, dass es für Sie drei Merkmale gibt, um den Zivilisationsstand eines Volkes zu ermitteln.

ERWIN CHARGAFF: Ja, wie es seine Kinder behandelt, wie es mit alten Leuten umgeht und wie es die Bäume behandelt.

DORIS WEBER: Ja, und dann ein weiteres Merkmal, nämlich, wie es zu seiner Sprache steht.

ERWIN CHARGAFF: Ja, das habe ich sicherlich bei Karl Kraus gelernt.

DORIS WEBER: Wer ihre Bücher liest, kann nicht sagen: da schreibt nur ein Naturwissenschaftler. Da schreibt ein Mensch, der Poet ist, Lyriker, mit Leidenschaft und Liebe zur Dichtung. Das Schreiben, sagen Sie, ist Ihr zweites Leben.

> **»Unsere Zeit hat den Gesang der Nachtigall zerlegt in Nacht und Galle«**

ERWIN CHARGAFF: Ja, ich glaube schon. Ich habe ja auch immer mehr wie ein Schriftsteller gelebt als wie ein Naturforscher.

DORIS WEBER: Warum lieben Sie die Sprache so sehr?

ERWIN CHARGAFF: Zunächst einmal, das Wort Muttersprache ist ja nicht umsonst. Die Sprache, die man als erste gelernt hat und meistens von seiner Mutter, muss man hochhalten. Ob es Estnisch, Baskisch ist oder Albanisch, das ist einfach die Sprache, die, wenn Sie wollen, Gott einem mitgegeben hat auf den Lebensweg.

DORIS WEBER: Und es kommt darauf an, in welche Worte die Gedanken gekleidet werden.

ERWIN CHARGAFF: Das kommt vom Lesen. Lesen, das ist die einzige Methode, sich eine Sprache beizubringen, viel lesen.

DORIS WEBER: Ein Satz von Ihnen lautet: »Wenn ich einmal eine gute Meinung von mir wissenschaftlich-schriftstellerisch hatte, ist sie mir längst vergangen. Wenn man alt wird, wird man bescheiden, drückt sich an den Wänden entlang, entschuldigt sich, dass man noch lebt.« Ist das wirklich so schrecklich?

*S*o ist es still geworden im Haus. Die Freunde sind längst gestorben. Was die Menschen ersehnen, die Worte in ihrem Mund, der Glanz in ihren Augen, alles ist anders und unverständlich geworden. Die Zeit hat Blut auf ihren Klauen. Das Wunder des Lebens ist eine Ware geworden, mit der die Mörder und die Forscher schachern. Das Wissen ist ein stinkendes Rinnsal geworden, die Straßen finster vor stummem Schrecken. Das Gewicht der Welt ruht auf den Rücken hilfloser hungernder Zwerge. Aus viertausend Jahren menschlicher Größe ist ein Schleim und ein Spülicht geworden.* ■ Aus: **»Ein zweites Leben«**

ERWIN CHARGAFF: Das ist das Gefühl. Ich meine, ich tu's ja nicht. Aber in Amerika sicher. Schauen Sie, die Amerikaner halten das Alter für eine ansteckende Krankheit, der sie fernbleiben wollen. Dabei wollen sie ja selbst alt werden. Aber sie haben Angst vor alten Menschen, viel mehr als andere Völker.

DORIS WEBER: Sie schreiben, die Unsichtbarkeit des Sehers, die Unhörbarkeit des Rufers sind ein Teil des menschlichen Erbguts.

ERWIN CHARGAFF: Ja.

DORIS WEBER: Was meinen Sie mit diesem Satz? Sind Sie eine männliche Kassandra?

ERWIN CHARGAFF: Was ich meine, ist, dass es eigentlich zu Kassandra gehört, dass man nicht auf sie hört. Gott hat ihr die Gabe oder Zeus hat ihr die Gabe der Prophetie verliehen, aber zugleich den Fluch, dass man ihr nicht glauben wird. Und das ist eigentlich das Wesentliche, dass Propheten daran erkannt werden, dass man nicht auf sie hört. Nachher sieht man's beim Propheten, dass sie Recht hatten. Zu ihrer Zeit waren sie lästig.

DORIS WEBER: Jetzt möchte ich mit Ihnen über Naturwissenschaften sprechen und über Ihre Warnungen, die ja auch nicht gehört werden.

ERWIN CHARGAFF: Nein, die werden nicht gehört.

Gewiss ist es nie zuvor in der Geschichte geschehen, dass ein großer Teil der Erdbevölkerung mehrere Stunden im Tag vor einem Kasten verbringt, in dem ihm kleine zitternde schiefe Bilder vorgeführt werden. Mit andern Worten, die meisten Menschen verbringen einen beträchtlichen Teil ihres Lebens in einem minderwertigen Kino. Wenn uns aus berufenem Munde versichert wird, die Religion sei der Seufzer der bedrängten Kreatur, das Opium des Volks, was ist das Fernsehen? Das Heroin der Schwachen? Das kontinuierliche Eintauchen in ein Nirwana der Gedankenlosigkeit, die nackte Apperzeption stellvertretender Schatten, das hoffnungslose Surrogat eines nie zu lebenden Lebens: was immer die Menschen sonst mit ihrer Zeit angefangen haben, es kann doch nicht immer in einem drittrangigen Amüsement bestanden haben. Selbst »der Seufzer der bedrängten Kreatur« war ein Ausbrechen aus dem Panzer des Missgeschicks. Tränen waren ein reinerer Trost als die lärmende Ablenkung durch die Vergnügungsmaschine. Hiob vor dem Bildschirm ist eine grässliche Vorstellung. ∎

Aus: **»Kritik der Zukunft«**

D ie Aussicht vom 13. Stock. Da wohnt Erwin Chargaff und blickt auf den Central Park, ein grandioses Panorama. Erwin Chargaff verabscheut die Furcht erregende Stadt New York, die »Kloake des zwanzigsten Jahrhunderts«. Aber er, der weltberühmte Naturwissenschaftler, besitzt ein kräftiges Gen für Sesshaftigkeit. »Man muss mich nur hinsetzen, und schon bleib' ich auf ewig sitzen.« Er lebt seit 64 Jahren in derselben Straße, seit 37 Jahren in derselben Wohnung, er wirkte seit 41 Jahren an derselben Universität. »Ich bin ein höchst ungeduldiger Geduldiger«, schrieb er über sich selbst. Nur einmal vollzog er einen kleinen Wechsel, indem er ein zweites Leben begann, mit einer zweiten Stimme, der Stimme des Dichters. Da war er siebzig. Und in einem einzigen Jahrzehnt entstand ein fulminantes Werk: Das Feuer des Heraklit, Vermächtnis, Über das Lebendige, Unbegreifliches Geheimnis, Abscheu vor der Weltgeschichte ... Lyrische Klagegesänge über eine geistig verwirrte Welt, alphabetische Anschläge auf eine dahindösende Menschheit, poetische Wehklage über das erlöschende Licht im kollektiven Gedächtnis. »Plötzlich werden die Schatten von keiner Sonne mehr geworfen, es ist Nacht geworden, vielmehr eine undurchsichtige Unbelichtung«, dichtete der Alte, dem die Worte nur so aus der Feder flossen – und erst versiegten, als eine Frau Vera, seine einzige Geliebte, starb. »Seitdem schreibe ich nicht mehr, bocke ich nicht mehr

mit der Schrift«, sagt er trotzig. Zu Hause hütet er seine Bücher. Nach seinem Tod wird die Wiener Nationalbibliothek ihn
beerben. Es sind Werke in englischer, französischer, italieni-
scher und deutscher Sprache, weil er stets das Original bevor-
zugte und den Übersetzern misstraute. Gemeinsam mit seiner
Frau lernte er Russisch, um Tolstoi, Dostojewski und Gogol zu
lesen. Immer sagt er »Wir«. Nach dem Tod seiner Frau wollte
er nicht mehr lernen »Ich« zu sagen.

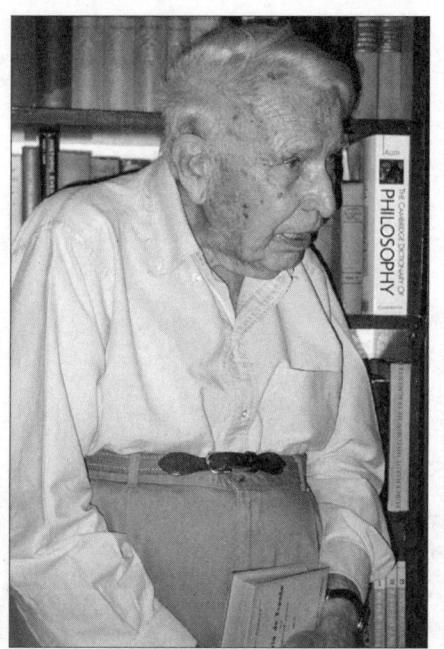

2

Der Rufer

»Vom Unsäglichen darf man nicht einmal schweigen«

*Z*wei verhängnisvolle und in ihrer endgültigen Wirkung noch nicht abzuschätzende wissenschaftliche Entdeckungen haben mein Leben gezeichnet: 1) die Spaltung des Atoms, 2) die Aufklärung der Chemie der Vererbung und deren darauf folgende Manipulation. In beiden Fällen handelt es sich um die Misshandlung eines Kerns: des Atomkerns, des Zellkerns. In beiden Fällen habe ich das Gefühl, dass die Wissenschaft eine Schranke überschritten hat, die sie hätte scheuen sollen. Wie es oft in den Naturwissenschaften geschieht, waren die grundlegenden Entdeckungen durchaus bewunderswerten Leuten zu verdanken, aber der Haufen, der ihnen unmittelbar folgte, hatte schon einen mefitischeren Duft. »Gott kann das nicht gewollt haben!« soll Otto Hahn ausgerufen haben. Hat er Ihn vorher gefragt, hat Er geschwiegen? Ich habe den Eindruck, dass Gott es vorzieht, in diese Diskussionen nicht einbezogen zu werden. ∎

Aus: **»Das Feuer des Herakit«**

Erwin Chargaff ist der Entdecker des biologischen Prinzips der Basenpaarung in der DNA, der menschlichen Erbanlage, das dann festgeschrieben wurde in den weltberühmten Chargaff-Regeln. Damit öffnete Chargaff der Gentechnik Tür und Tor, ohne jemals selbst hindurchzugehen. Aus dem Saulus wurde ein Paulus, aus dem nobelpreiswürdigen Vertreter bahnbrechendster biochemischer Forschung wurde eine Kassandra, ein leidenschaftlicher Rufer in der Wüste, der fortan einen zum Götzen verkommenen Wissenschaftsbetrieb geißelte. Erwin Chargaff, der abtrünnige Molekularbiologe, der Gelehrte von Weltrang, blieb ein Moralist und Apokalyptiker, ein zorniger Analytiker mit Schaum vor dem Mund, ein brillanter Essayist, ein poetischer Skeptiker, ein unbeugsamer Pessimist, ein Verfasser von Klageschriften in Prosa, ein Nörgler.

DORIS WEBER: In Ihren Büchern denken Sie viel über Ihr Leben als Naturwissenschaftler nach, und sie kommen zu dem Schluss: »Mir wird vielleicht einmal zuerkannt werden, dass ich am Tanz um das Goldene Kalb nie teilgenommen habe. Ich erkannte schon früh, dass es mit geronnenem Blut ganz beschmiert war ...« Sind Sie heute glücklich darüber, dass Sie sich nie haben verführen lassen? Sie schreiben ja sehr viel von der Verführbarkeit der Naturwissenschaftler, die Geld haben wollen, Ruhm, Ehre und Preise?

ERWIN CHARGAFF: Alles hängt von den Bedingungen ab, unter denen Forschung betrieben wird. In Amerika ist sie ganz Teil der kapitalistischen Marktwirtschaft. Man kann sagen, dass heutzutage das Leben eines Naturforschers noch viel unglücklicher und schwieriger ist, als es zu meiner Zeit war. Weil ja die Universität nur noch die Gebäude zur Verfügung stellt, für die sie noch eine Miete erwartet, und alles Geld muss man sich in irgendeiner Form selbst beschaffen. Das war zu meiner Zeit nicht so schlimm. Wenn man sich schon einen Namen gemacht hatte, drückten die Behörden beide Augen zu. Sie haben angenommen, dass man nicht plötzlich verblödet sein konnte. Es wird schon einen Sinn haben, sagten sie sich und haben einem die Mittel gegeben, die Kredite. Heuti-

»In der Welt der Zwerge kriegt der Riese einen krummen Rücken«

ge Wissenschaftler stehen immer in Konkurrenz zueinander, heute ist alles ein Wettlauf ums Geld.

DORIS WEBER: Die so genannte DNA trägt die genetischen Informationen, die Anordnung der DNA ist die berühmte Doppelhelix, bei der zwei Nucleotidketten in Form je einer Helix oder Spirale umeinander gewunden sind. An der Entdeckung dieser Doppelhelix, Sie nennen sie die Himmelsleiter, waren Sie wesentlich beteiligt?

ERWIN CHARGAFF: Ja, ich habe einen wesentlichen Anteil daran.

DORIS WEBER: Und dann haben Sie sehr bald gesehen, wie gefährlich diese Entdeckung ist, weil man damit großen Missbrauch treiben kann?

ERWIN CHARGAFF: Nicht unbedingt. Wenn diese Forschung in meinen Händen geblieben wäre, wäre sie anders verlaufen. Ich würde keinem Käfer auf die Pfoten getreten sein, nein. Das ist natürlich, wenn Sie wollen, meine Naivität. Ich war in all diesen Sachen recht naiv, ich habe nicht gesehen oder nicht sehen wollen, was da gespielt wird. Denn was damals begann, das ist jetzt die Forschung, die an der Tagesordnung ist. Ich rede nicht von Paläontologie oder Botanik, von edel gebliebenen Wissenschaften. Aber Genetik und alles, was dazu gehört, Molekularbiologie, ist ja eigentlich eine wahre »Stock exchange«, eine Börse, geworden, wo man eigentlich fortwährend seinen eigenen Wert hinauftreiben muss. Teils durch Schlechtmachen der Konkurrenz, teils durch Erfindungen, teils auch durch eine glückliche Entdeckung.

Als ich Professor an der Columbia Universität war, hätte ich überhaupt kein Patent anmelden können. Die Professoren an der medizinischen Fakultät, und Biochemie ist Teil der medizinischen Fakultät, durften keine Patente anmelden. Das gibt es nicht mehr. Heute sitzen die Doktoranden bereits mit Patentanwälten zusammen, damit, wenn – Gott behüte – da was raus kommt, sofort ein Patent angemeldet wird. Also das Ganze ist viel käuflicher geworden. Amerika war seinerzeit auf dem Gebiet der Wissenschaft die Domäne der Aristokraten, das heißt, für Leute, die Geld gehabt haben. In Amerika ist man Aristokrat, wenn man Geld hat. Das waren alles Söhne aus reichem Haus, die da rumgesessen sind, aber sie überzeugten auch durch ihre Anständigkeit. Sie haben, denke ich, die Forschung mehr wie eine Edeljagd betrieben, so wie man auf die Jagd geht. Es gab keine Konkurrenz, ihre Werte waren ganz woanders angesiedelt. Jetzt hingegen sind die meisten Forscher aus armem Haus und spielen – wie man so sagt – die weißen Neger, die sich hinaufarbeiten, die Atmosphäre ist wirklich grässlich geworden. Das ist kurz nach meiner Zeit geschehen. Ich bin 1975 zurückgetreten, also vor 24 Jahren. Da war es noch ein bisschen besser. Das beklagenswerte moralische Klima hat die Atmosphäre unerhört verschlechtert. Aber abgesehen davon ist Naturforschung immer etwas Prekäres in dem Sinne, dass man das Gefühl hat, man reißt etwas aus der Natur heraus, um es sich anzueignen. Ich habe es als einen Kolonialismus bezeichnet, dass man eben in die unerforschten Gegenden geht und sie kolonisiert, das heißt ausnützt. Alles das hat mir nicht gelegen – komischerweise. Ich kann auch nicht sagen, dass ich je gedarbt habe, ich habe immer genug Geld gehabt zum Leben und mir eigentlich nie etwas Besonderes darüber hinaus gewünscht.

I n den heiligen Hallen der Wissenschaft geht allerhand vor sich. Es wird nicht nur ehrlich gearbeitet, es wird geschwindelt, es wird auch gepatzt. In einem gewissen Sinn muss man sagen, dass die Naturwissenschaften, je mehr sie triumphieren, desto unsicherer werden. ■ Aus: »**Ein zweites Leben**«

DORIS WEBER: Wer sind Sie als Naturforscher? Sie sagen, Sie hätten nie einem Käfer auf die Pfoten treten können.

ERWIN CHARGAFF: Das ist richtig. Ich habe nur mit Bakterien gearbeitet, die mich nicht anschauen können mit treuherzigen Augen. Aber ich meine, man kann Biologie nicht betreiben,

ohne zu töten. Ich habe nur Hefen und Bakterien, wenn Sie
wollen, getötet. Ich habe keine Tierversuche gemacht. Da war
ich schon immer so eine Art Vegetarier.

DORIS WEBER: Und Sie haben gesagt, man darf nichts verändern,
was irreversibel ist?

ERWIN CHARGAFF: Ja. vorher konnte das gar nicht der Fall sein, zu
meiner Zeit war gar nicht die Rede davon. Der Chemiker tat nie
etwas, das nicht reversibel ist. Der Physiker beobachtete eigentlich auch nur Kräfte, die es schon gibt. Er macht ja nicht die
Kräfte oder die Strahlen. Der Biologe war ursprünglich in derselben Lage. Mit der Gentechnik hat es angefangen, dass man
plötzlich neue Lebewesen erzeugt, und ein Lebewesen kann
man nicht zurückrufen. Ein Bakterium, wenn Sie das verändern,
so vorsichtig Sie auch sein mögen, Sie müssen immer damit
rechnen, dass es entkommt. Auf diese Weise kommen Sie auf
ein vollkommen neues Niveau der Ethik. Man verändert die
Natur, indem man ihr etwas aufpfropft, was nicht in ihr gewesen
ist. Das ist die eine Sache. Und jetzt arbeiten die meisten Wissenschaftler in der Meinung, dass die Natur dringender Verbes-
serungen bedarf. Schauen sie: wenn es regnet und ich öffne den
Schirm, bekämpfe ich ja nicht den Regen, ich beschütze ja nur
mich. Das ist etwas Reversibles, ich kann den Schirm zumachen,
das tut niemandem etwas. Der Regen ist ein Phänomen, vor dem
ich mich beschütze. Das ist gestattet. Hingegen, wenn ich sagen
würde, ich ließ daran arbeiten, den Regen abzuschaffen, tue ich
etwas Irreversibles. Und das gilt für alle diese Versuche, fürs
Klonen, Retorten-Babys und alle diese Sachen. Ich finde das
fürchterlich; ich bin froh, dass ich nichts dazu beigetragen habe.
Meine Versuche waren rein chemischer Natur; was man heute
die Chargaff-Regeln nennt, daran ist nichts Verbotenes.

DORIS WEBER: Sie schildern einen ungeheuren Vorgang, einen
Bruch mit allem Bisherigen. Sie haben mal gesagt, die Gentechnik ist genauso wie die Kernspaltung ...

ERWIN CHARGAFF: ... das ist die zweite Kernspaltung, ja. Das habe ich gesagt. Es ist in beiden Fällen die Misshandlung des Kerns, des Atomkerns und des Zellkerns, und ich glaube, das habe ich richtig ausgedrückt, und da muss ich mir gar nichts vorwerfen. Manche Interviewer fragen mich: »Bedauern Sie nicht, dass Sie als Biochemiker an der Entdeckung der Gentechnik beteiligt waren?« Dann entgegne ich: Ich habe reine Beobachtungen angestellt, beobachten darf man die Natur. Aber ich habe sie nicht verändert, ich habe nichts hinzugesetzt, eigentlich keiner meiner Kollegen hat das getan. Das ist etwas, was erst die Generation, die etwa 15, 20 Jahre jünger ist als ich, sich vorzuwerfen hat. Doch sie denkt nicht daran.

»**Die Eltern haben mit den Atomen gespielt, und die Kinder sind steril geworden, sagte der neue Hesekiel«**

(Vgl. Hesekiel 18,2)

DORIS WEBER: Die Gentechnik entwickelt sich in einem rasanten Tempo. Wenn vor zehn Jahren ein Biochemiker mit der Frage konfrontiert wurde, ob es sinnvoll ist, die Natur nur noch unter reinen Verwertungsinteressen umzubauen und demnach zum Beispiel Tomaten zu züchten, die nicht faulen, oder eine »Schiege« zu »bauen«, also ein Mischwesen aus Schaf und Ziege, oder die eierlegende Wollmilchsau usw. ... dann wurden diese Journalisten als unverantwortliche, abenteuerliche Schreiberlinge mit Science-Fiction-Fantasien kritisiert. Heute hingegen ist das alles möglich, sogar noch viel mehr, es wird am pflanzlichen, tierischen und menschlichen Erbgut wild manipuliert, wir sprechen ja schon von Klonsprößlingen und Designer-Babys, also es wird heute viel mehr gemacht und es ist noch viel mehr möglich, als sich die Fantasie vor zehn Jahren ausmalen konnte.

ERWIN CHARGAFF: Das ist ein großer Hexensabbat.

DORIS WEBER: Aber alles geschieht, um böse Krankheiten aus der Welt zu schaffen, um armen, kinderlosen Paaren zu helfen, heißt es.

ERWIN CHARGAFF: Es ist etwas losgebrochen. Was das ist, weiß ich nicht. Ich stelle nur fest, dass etwas geschehen ist. Von etwa 1960 an, die letzten 30 bis 40 Jahren, hat sich der Begriff »Wissenschaft« ganz verändert. Jetzt arbeitet sie hin auf die Abschaffung des Todes. Wenn wir das Genom haben und sehen, was ist ... nein, ich will nicht daran denken. Die Abschaffung des Todes wäre die größte Katastrophe, die man sich vorstellen könnte, das wäre nämlich das Ende der Menschheit. Aber es sind nur sehr reiche Leute, die sich das dann leisten können. Vielleicht wird man im nächsten Jahrhundert 200 Jahre alt werden können.

DORIS WEBER: Wie kann man den Tod abschaffen?

ERWIN CHARGAFF: Wie? Wenn man findet, welche Gene, welche Sequenzen da zusammenspielen, man könnte wahrscheinlich vorläufig nur die Lebensdauer verlängern. Denn irgendwie nützen sich Materialien ab. Die wirkliche Abschaffung des Todes kann wahrscheinlich nur durch Klonierungen geschehen. Wenn man sagt, der Chargaff ist schon in der fünften Generation, lebt noch immer, ist jetzt 500 Jahre alt, aber er ist immer derselbe. Aber ich glaube nicht, dass man das wirklich kann.

»Was wir verehren, können wir nicht studieren«

DORIS WEBER: Was kann die Gentechnik denn überhaupt?

ERWIN CHARGAFF: Sie ernährt die Genetiker und die Ärzte, die davon leben. Sie bewirkt eine unerhörte Drehung aller Räder in der Wissenschafts-Diplomatie oder Wissenschafts-Politik. Sie kann nichts. Ich meine, es gibt Wissenschaften, die etwas Nützliches hervorgebracht haben. Das elektrische Licht ist ein großes Gut, Röntgenstrahlen haben viele Leben gerettet, die Gesundheitsingenieure des vorigen Jahrhunderts haben die Epidemien ausgerottet. Sie müssen nur lesen, wie Typhus ausgesehen hat, in Berlin zum Beispiel, die Krankheit an der Hegel im Jahr 1831 gestorben ist.

47

DORIS WEBER: Aber wir werden Äpfel essen, die nicht mehr faulen, Tomaten essen, die immer schön und glatt aussehen, Erdbeeren, die bei Frost nicht erfrieren, der Hunger in der Welt könnte abgeschafft werden, wir züchten im Labor unsere Nahrung in alle Geschmacksrichtungen ...

ERWIN CHARGAFF: Glaubt das jemand?

DORIS WEBER: Es gibt keine Schädlinge mehr, die Pflanzen werden so gebaut, dass sie von vornherein resistent sind ...

ERWIN CHARGAFF: Schädling ... ja sicher. Die Juden waren auch Schädlinge. Das war ja die erste große Ungezieferbekämpfung, das Wort Schädlinge passt zum Gedankengut dieser eugenischen Technologie.

DORIS WEBER: Und die Versprechungen von der schönen neuen Welt?

ERWIN CHARGAFF: Gewissenloses Geschwätz. Aber an allem ist insofern etwas daran, weil es zeigt, wohin die Wünsche gehen. Und eventuell wird sich einiges davon bewahrheiten. Ich glaube nicht, dass man die Welt im Labor ernähren wird. Im Gegenteil, es wird dadurch alles schlechter werden.

DORIS WEBER: Also Sie halten alles, was die Gentechnik uns verspricht, für eine Lüge?

ERWIN CHARGAFF: Nein, es ist ja ein Wunsch, es ist ja ein Traum dieser Leute. Die Leute sind keine Lügner, oder sie belügen sich selbst auch. Nein, sie meinen es ehrlich, sie betreiben das alles, wie Politiker es tun. Alles, was sie da reden, ist dazu gedacht, dass sie Geldgeber finden. Sie sind so gewissenlos wie Politiker es heutzutage sein müssen. Wenn sie lügen, glauben sie ihren eigenen Lügen, und einiges wird wahr werden. Es wird nur alles anders ausschauen, wie versprochen. Wenn es geschehen ist, wird man sehen, was man sich da eingehandelt hat. Ich meine, es ist reines Geschwätz, tatsächlich. Es ist erstaunlich wenig herausgekommen im Ganzen. Krebs ist genauso gefährlich wie er vor hundert Jahren war, Tuberkulose kommt wieder, bei Aids weiß man überhaupt nicht, was es ist. Die großen Errungenschaften stehen vorläufig mehr auf dem Papier. Man kann vielleicht den genetischen Zustand eines Kindes voraussagen, wie das Down-Syndrom. Eine alte Mutter will wissen, ob das Kind gefährdet ist. Wie wichtig diese Feststellungen sind, weiß ich nicht. Aber sie haben einen gewissen praktischen Nutzen. Die Mutter weiß, ob sie abtreiben soll oder vielleicht nicht.

Außerdem haben sie begonnen zu schwindeln. Die vor kurzem bekannt gewordenen abscheulichen Experimente über das Klonen von Menschen haben ihnen sicherlich neue Hoffnung gegeben. »Da ist mehr, wo das herkommt!« höre ich sie rufen. ■

Aus: **»Ein zweites Leben«**

DORIS WEBER: Gibt es irgendetwas in der bisherigen gentechnischen Forschung, wo Sie sagen würden, dafür ist es gut, dass wir die Gentechnik haben?

ERWIN CHARGAFF: Meines Wissens nicht. Aber ich bin vielleicht zu parteiisch, und zugleich bin ich ja auch nicht sehr aufgeklärt in diesen Sachen. Ich verfolge die Literatur eigentlich auch nur noch von außen. Ich bin ein zurückgetretener Naturwissenschafter und als solcher nicht mehr in der Lage, mitzuhalten. Ich kann schlicht die Zeitschriften kaum mehr lesen. Jedes Jahr erscheinen so viele Abkürzungen, so dass neu geschriebene wissenschaftliche Arbeiten unverständlich sind für den, der die Abkürzungen nicht kennt.

DORIS WEBER: Dennoch sagen Sie immer wieder: es kommt nichts Nennenswertes heraus.

ERWIN CHARGAFF: Vorläufig glaube ich, es ist erstaunlich wenig herausgekommen. Aber vielleicht soll man auch nicht zu viel erwarten. Was so mächtig geworden ist, ist das Geschwätz. Das Ärgste sind natürlich die wissenschaftlichen Journalisten, die ja an sich wenig verstehen und noch mehr übertreiben. Aber auch die Wissenschaftler selbst sind genötigt, aufzutrumpfen, weil die Geldbeschaffung immer schwerer wird. Außerdem hat der Nobelpreis eine unerhörte schlechte Wirkung. Der ist so etwas wie der Hollywood-Oscar im Wissenschaftsbetrieb geworden. Davon hängen Leben ab.

DORIS WEBER: Aber warum wird es nicht gehen mit der Gentechnik? Warum ist es Geschwätz?

ERWIN CHARGAFF: Weil keine Anzeichen bestehen, dass sie da wirklich was tun können. Zum Beispiel die Gentherapie. Also man weiß, dieser Jüngling da hat am Chromosom soundso eine DNA, der eine gewisse Sequenz fehlt, und dann wird er eben, ich weiß nicht, vielleicht ein Bluter oder was immer. Jetzt ersetzen wir diese fehlerhafte Sequenz. Ja, wie denn? Wie kann man etwas platzieren im Körper? Und wie werden wir wissen, ob wir es da, wo wir es platzieren, richtig platzieren, ohne gefährliche Folgen. Und vor allem: wir können doch diesen Versuch, der ein Experiment ist, nur am lebenden Objekt, also am Menschen direkt machen. Das Experiment ist irreversibel. Was tun wir, wenn dieser Versuch schief geht? Was machen wir mit dem Menschen? Ein Auto würde man ins Werk zurückrufen oder verschrotten. Was geschieht mit den Menschen, in dessen Genom eingegriffen wird? Wer sich ehrlich solche Fragen stellt, weiß um die Ungeheuerlichkeit dieses ganzen Unterfangens.

»Das leere Wort ist voller Gift«

Aber das Interesse, Geld zu bekommen, ist sehr groß und die Regierung ist auch nicht gescheiter als ihre Untertanen, und aus diesem Grunde wird dann das Geld dorthin gegeben, und langsame, ehrliche Forschung wird immer schwerer und schwerer. Und meine Behauptung ist ja, die große Forschung war immer langsam und ehrlich und eigentlich erfolgreich, aber es hat Zeit gebraucht und hat einen Typus von Menschen erfordert, der jetzt verschwunden ist oder nicht mehr in die Wissenschaft hineingeht.

50

DORIS WEBER: Die Gentechnik wird die Technik des dritten Jahrtausends sein, und sie wird, auch wenn sie ihre Versprechungen nicht einhält, Wünsche wecken. Sie suggeriert den Menschen Grenzenlosigkeit: alles ist machbar, alles ist möglich.

ERWIN CHARGAFF: Ich halte das für sehr gefährlich. Keine Frage. Es ist ja längst nicht gesagt, dass das, was machbar ist, gemacht werden soll. Aber das wird als Gebot hingenommen. Um ein Beispiel zu geben: wenn sich herausstellt, man kann Urin frieren und verkaufen, werden sich schon Abnehmer finden für gefrorenen Urin. Es mag unsinnig sein, aber die Machbarkeit überzeugt schon von der Nützlichkeit, was vollkommen falsch ist. Das meiste, was gemacht werden kann, soll man ja nicht machen. Da ist doch der Mensch, der eine Auswahl treffen soll. Aber das ist jetzt ganz weggefallen. Kein Mensch kann mir momentan sagen, wie man ein Gen an eine gewisse Stelle eines Chromosoms bringt. Sie spritzen's hinein. Gott weiß, vielleicht ist die Natur so gescheit, dass sie es wirklich dort hintut, wo es hingehört, aber ich weiß nicht, warum man es tut.

»Es liegt jetzt so viel Asche herum, dass die Geburt eines Phönix jederzeit erwartet werden muss«

DORIS WEBER: Also wenn man dieses Gen verpflanzen würde, könnte es doch sein, dass dieser Mensch plötzlich unvorhersehbar reagiert, oder unvorhersehbare Merkmale aufweist, weil das Genom diesen Eingriff nicht toleriert und integriert oder weil es sich in seiner bisherigen Ganzheit irritiert gegen das Neue wendet, ich weiß nicht, wie man das anders bezeichnen könnte ...

ERWIN CHARGAFF: Ja, sicher, das ist wahr. Aber man wird es wahrscheinlich zuerst gar nicht merken, dass es ein fehlgegangener Versuch ist. Der Mann ist gestorben, oder, um die Absurdität zu unterstreichen, er ist blau statt blond geworden. Wie will man je beweisen, dass die Gene verrückt spielen?

DORIS WEBER: Aber was macht man mit den »Fehlkonstruktionen«? Wie gesagt: ein Auto kann man ins Werk zurückschicken oder verschrotten. Was macht man mit den Lebewesen?

ERWIN CHARGAFF: Ja, das ist die entscheidende Frage. Ich weiß es nicht. Vielleicht wird er eine Entschädigung bekommen oder die Eltern werden eine Pension bekommen, zuerst. Aber wenn es zu häufig passiert, dann wird das Ganze unrentabel und lästig. Also ich nenne Ihnen einige meiner Postulate, die ich geschrieben habe: Ein Postulat ist, dass nichts patentiert werden darf, was mit öffentlichen Mitteln unterstützt worden ist. Das wäre schon die Nummero eins, und zweitens: nichts darf gemacht werden, was die Gefahr birgt, irreversibel, also nicht zurückrufbar zu sein. Das würde schon sehr viele Sachen unmöglich machen. Aber das ist mittlerweile undenkbar, und jeder sagt, na ja, der Chargaff spinnt ja.

DORIS WEBER: Dann müssten wir für das Zeitalter der Gentechnik eine neue Ethik schreiben. Es ist ja alles eine Frage der Definition. Wie definieren wir in Zukunft Natur? Um in ihr herumzupanschen, wie Sie sagen, um wahllos nach Nutzungsinteressen die Arten zu kreuzen, müssen wir die Natur folgendermaßen definieren: die Natur ist, so wie sie ist, unvollkommen, fehlerhaft, verbesserungswürdig, wir müssen sie besser machen. Und mit dieser Einstellung – Sie nennen diese Haltung Hybris – könnte man doch dann auch eine neue Haltung zum Menschen einnehmen: wenn ich mit der Mentalität eines Ingenieurs, der bisher tote Materie bearbeitete, in der lebendigen Natur gentechnisch arbeite, dann ist doch der Mensch für mich irgendwann nur noch ein Versuchsobjekt. Tatsächlich eine Maschine, die umgebaut oder neu zusammengebaut wird. Und wenn dieses Objekt, mit dem Auge des Ingenieurs neu konstruiert, nicht funktioniert, dann darf man es auch verschrotten. Das kaputte Auto wird vom TÜV nicht zugelassen, der fehlerhafte Mensch wird zum Leben nicht zugelassen oder vom Leben zur Müllhalde befördert. Solange wir den Menschen ethisch und moralisch als unantastbar in seiner Würde und Integrität betrachten, wird das nicht erlaubt sein, aber wenn wir den Menschen neu definieren, eine an die Gentechnik angepasste Ethik postulieren, dann wird es ohne Skrupel möglich sein, die nicht funktionierenden Lebewesen als Ausschuss zu deklarieren. Es ist wirklich nur eine Frage der Definition.

ERWIN CHARGAFF: Sicher. Normalerweise, wenn etwas schief geht, wirft es der Chemiker ins Feuer oder ins Wasser, in den Ausguss. Aber das kann man ja bei einem Menschen nicht tun. Doch da ist eine große Gefahr, denn sie tun es ja schon bei Tieren. Und Hekatomben von Tieren gehen zu Grunde an sinnlosem Zeug. Also ich habe das Wort »mengeln« geprägt, als ein Verb nach diesem Dr. Mengele, mengeln. Sie mengeln ja schon wie wild bei Tieren. Falsch, schief gegangen, 20 Ratten, 100, es spielt keine Rolle. Beim Menschen würde man schon merken, dass es nicht ganz so geht, aber da würden Gesetze geschaffen werden, ein Bioethiker würde kommen und sagen, also zuerst müssen wir seine Intelligenz prüfen, wenn er dumm ist, verliert er nix, wenn man ihn umbringt, ... ich weiß nicht, mir fehlen die Worte.

DORIS WEBER: Sie haben 1987 auf dem Evangelischen Kirchentag in Deutschland gesagt: mit der Gentechnik wurde eine weitere Stufe zur Bestialisierung erklommen.

ERWIN CHARGAFF: Ja, das kann ich nur immer wieder bestätigen.

DORIS WEBER: Warum finden Sie diese Gentechnik so gefährlich?

ERWIN CHARGAFF: Erstens einmal geht es um den Respekt vor dem Menschen, den ich noch immer predige. Ob Gott mich

*D*er Fluch der Machbarkeit und der Fluch der Verwendbarkeit haben sich beide als pseudoreligiöse Dogmen konstituiert. Nichts hat unsere Welt so vergiftet – auch im wörtlichen Sinn – wie diese Unheilsbotschaften. Sie haben die Menschheit aus dem langsamen, zaghaften Trott der Jahrtausende hinausgerissen und sie in die dumpfe, öde Wüste ewiger Erwerbsgier getrieben ...   ∎

Aus: **»Ein zweites Leben«**

geschaffen hat oder wer auch immer, der Mensch ist ja der Mensch, welcher das Requiem von Mozart hat schreiben können, das ist ja etwas, oder die Matthäus-Passion, da sind doch unglaubliche Dinge vorgegangen. Und selbst wenn er keine äußerlich erkennbaren Wunderwerke vollbracht hat, der Mensch verdient allen Respekt, so, wie er geschaffen ist. Darum sollte man ihn auch mit Respekt behandeln. Man darf nicht sagen, er ist halt ein gescheiteres Tier und so wie bei Tierversuchen werden wir jetzt zum Menschen übergehen. Wir werden ihn gut bezahlen, er bekommt eine Versicherungspolice, die Eltern können entschädigt werden, der Clinton wird eine Medaille geben, das ist doch des Menschen unwürdig.

So ist aus der Welt der Wissenschaft ein Zirkus geworden: allabendlich ein neuer Akrobat, applaudiert, vergessen. Da wir jetzt in einer Dienstleistungsgesellschaft leben, kann man das leider auch von den Naturwissenschaften sagen: sie gehören unter anderem zum Amüsierbetrieb. ∎

Aus: **»Ein zweites Leben«**

DORIS WEBER: Hatten Sie in Ihrem langen Leben als Naturwissenschaftler nie den Gedanken, die Natur müsse verbessert werden.

ERWIN CHARGAFF: Nein, ich betrachte die Natur als einen geheimnisvollen Text, den man ganz langsam zu lesen begonnen hat. Wer den Text geschrieben hat, lass ich offen. Wenn man will, war es Gott, oder war es der Zufall? Schwer zu sagen. Aber der Zufall, welcher da seit 135 Billionen Jahre arbeitet, ist ein Genie. Ich betrachte diesen Text als etwas, das man entziffern darf und sogar soll. Denn ursprünglich war ja die Wissenschaft auch zu größerem Ruhm Gottes gedacht. Newton etwa hat sich als frommer Christ gefühlt, der das alles entziffert hat. Unterdessen kommen solche kleinen, miesen Erscheinungen. Wenn man die aus der Nähe sieht, sind das kleine Idioten. Nicht alle, es ist gemischt wie alles auf der Welt: einige sehr gute Wissenschaftler sind dabei, einige Hochstapler, Scharlatane usw., die Lärmmacher sind meistens verdächtig.

DORIS WEBER: Und die Lärmmacher sind für Sie auch die Gentechniker, die sagen, jetzt machen wir den achten Schöpfungstag. Der liebe Gott brauchte sieben, er ist nicht fertig geworden mit seiner Arbeit, jetzt bringen wir die Sache zu Ende.

ERWIN CHARGAFF: Das ist eine Unverschämtheit. Ich meine, die verdienen, was man in Wien eine Watsch'n genannt hat. Eine Ohrfeige. Es macht mich richtig krank, ich schaue mir diese Sachen nicht an. Ich habe fast aufgehört, wissenschaftliche Abhandlungen zu lesen, wissen Sie. Es ekelt mich an. Auch wenn ich überzeugt bin, dass es darunter, wie überall, einige sehr anständige, ehrliche, bedeutende Forscher geben muss und wird. Allerdings ist die Atmosphäre so, dass man fürchten muss, die werden abgeschreckt gleich zu Anfang und machen dann etwas ganz anderes. Ich glaube, dass die Qualität der jetzt Rekrutierten viel niedriger ist, ethisch gesprochen zumindest, als sie früher war.

DORIS WEBER: Im Biologieunterricht steht auch Gentechnik auf dem Lehrplan. Das wird meistens unterrichtet ohne eine kritische Anmerkung, weil sich die Lehrer selbst nicht auskennen. Die Kinder lernen: man kann Getreide im Labor herstellen, damit die Menschen in der so genannten dritten Welt nicht mehr hungern müssen. Es gibt Obst, das nicht faul wird, Tiere, die in riesigen Mengen Wolle, Milch, Fleisch liefern. Die Gentechnik löst die Welt-Probleme, zum Beispiel die Umweltverschmutzung: wir züchten neue Mikroorganismen, die fressen Ölteppiche auf den Weltmeeren auf, und so könnte man sich die schöne neue Welt beliebig weiter ausmalen. Und die Kinder lernen zu denken: Gentechnik ist ein Segen.

ERWIN CHARGAFF: Es wäre ein Segen, wenn das wahr wäre, was man ihnen sagt. Über Lügen kann man ja nicht sagen, sie sind ein Segen. Sie sind eine Unverschämtheit. Der größte Teil ist reines Geschwätz aus dem Leeren heraus. Hier und da wird etwas wahr

sein. Ich bin ja sehr alt geworden, mir wurde das so lange vorge-
dudelt und vorgegaukelt, aber ich sehe eigentlich so wenig von
diesen Segnungen. Irgendwelche kleinen Segnungen sollten ja
schon vorhanden sein. Tatsächlich sind es sehr wenige.

DORIS WEBER: Also die Appelle der Wissenschaftler sind auf
Eventualitäten in die Zukunft hinein gerichtet: lasst uns weiter-
machen, gebt uns viel Geld, macht die Tür nicht zu, es könnte ja
sein, dass wir einen Durchbruch erzielen?

ERWIN CHARGAFF: Nun gut, das ist eine der Methoden, Geld zu
bekommen. Soweit es das ist, ist es wenigstens ehrlich. Ein
politischer Trick, den man genauso anwendet, wenn man einen
Präsidenten wählen soll usw. Man sammelt Geld, damit fängt
alles an.

DORIS WEBER: Aber nach dreißig Jahren könnte man doch mal
Bilanz ziehen und fragen, ob die Ergebnisse dies rechtfertigen?

ERWIN CHARGAFF: Ich bin eben, wie gesagt, vorbeeinflusst und
nicht sehr fair in diesen Sachen, aber ich sehe nichts. Man weist
darauf hin, dass die Leute jetzt älter werden, das ist vielleicht
wahr, aber das hat ganz andere Gründe, vielleicht bessere Hy-
giene oder saubereres Trinkwasser usw.

DORIS WEBER: Und die Krebsforschung?

ERWIN CHARGAFF: Nein. Die Methoden, die da angewendet werden und der Weg, der zu diesen Methoden führt, ist Abscheu
erregend. Oder in der Landwirtschaft: da lese ich gerade, dass
Gen-Mais Schmetterlinge tötet. Da muss man sich doch fragen,
ob solch ein Mais Vorteile bietet. Vorteile für wen? Vielleicht für
den Chemiekonzern, der ihn baut. Ich kann mir nicht vorstellen,
dass ein gentechnisch manipulierter Mais gut sein soll, wenn er
Schmetterlinge tötet, die sich auf ihm niederlassen.

DORIS WEBER: Es ist noch nicht lange her, da haben die Bauern
protestiert gegen die Freilandversuche von gentechnisch ma-

nipulierten Früchten. Sie hatten Angst, dass im großen ökologischen System eine irreversibler Panne auftritt, weil die Risiken nicht abzuschätzen sind. Das Labor kann niemals die komplexe Natur simulieren. Aber heute dürfen immer mehr Firmen ihre Produkte auf den Feldern draußen testen.

»Wem Gott den Zorn gibt, dem gibt er auch die Liebe«

ERWIN CHARGAFF: Ja, das ist die Schuld der Regierung. Die Ansätze für eine Protestbewegung waren vorhanden. Wenn die Konzerne wirklich hohe Entschädigungen an die Bauern zahlen müssten, dann würden sie auch zwei Mal nachdenken, bevor sie ihre Versuche starten. Amerika lässt sich alles bieten. In Amerika sind alle diese Sachen nicht verboten. In Deutschland muss ja zumindest noch die Zusammensetzung genmanipulierter Lebensmittel auf der Schachtel draufstehen.

DORIS WEBER: In Deutschland sagen auch immer mehr Leute, wir weigern uns, gentechnisch manipulierte Lebensmittel zu kaufen. Das bleibt nicht ohne Wirkung.

ERWIN CHARGAFF: Ja, das ist eine gute Methode, wenn die Verbraucher ihre Macht erkennen. Unter uns gesagt: ich glaube ja nicht, dass diese Sachen, die da eingebaut wurden, wenn sie einmal gekocht und gedünstet sind, noch irgendwie wirklich gefährlich sind. Aber ich will auch lieber nicht so etwas zu essen bekommen.

DORIS WEBER: Brauchen wir denn wirklich Tomaten, die nicht faulen?

ERWIN CHARGAFF: Nein, wir brauchen das alles nicht.

DORIS WEBER: Es gibt ja diese Standard-Frage: Gentechnik – Segen oder Fluch? Was ist es für Sie, Segen oder Fluch?

ERWIN CHARGAFF: Der Segen ist zugleich der Fluch. Sehen Sie die Abneigung gegen das Sterben. Vordergründig sieht es wie ein Segen aus, wenn man über die Gentechnik plötzlich in die Lage versetzt wird, das Alter um ein oder zwei Jahrhunderte hinauszuzögern. Ich rede gar nicht davon, den Menschen unsterblich zu machen. Aber denken Sie weiter, was mit einer Menschheit passiert, die ewig lebt, die nicht alt wird. Dann haben Sie den Fluch.

Da bin ich ganz verwirrt und ziehe mich zurück. Ich kann nur sagen, es gefällt mir nicht. Mir gefallen auch die Leute nicht, die es tun. Mein Geruchsorgan war immer sehr empfindlich, und ich habe den Geruch von etwas ganz anderem in der Nase: Kapitalismus, Geld schaufeln. Dinge, die an sich nichts mit der Wissenschaft zu tun haben.

Ich glaube, wenn man so alt wird wie ich, wenn man also verschiedene Generationen miteinander vergleichen kann, dann kann man feststellen, dass sich eben um 1960 herum ein Umbruch vollzogen hat, der aus vielen Wissenschaften etwas ganz anderes gemacht hat. Und ich glaube schon, dass ein heute aktiver Genetiker und einer, der vor vierzig Jahren gearbeitet hat, zwei ganz verschiedene Typen sind. Ich will aber auch sagen, es gibt sicher auch in all dieser Horde einige sehr anständige, tüchtige, tiefsinnige Menschen, und irgendetwas kann noch herauskommen, was man gar nicht voraussagen kann. Aber nichts von dem, was heute propagiert wird. Die Leute, die eigentlich Technologen sind, sind nicht das, was ich einen Wissenschaftler nenne.

»Vom Unsäglichen darf man nicht einmal schweigen«

DORIS WEBER: Technologen, die sich wie Ingenieure an das Leben, an das Lebendige heranmachen, können keine Ehrfurcht vor dem Lebendigen haben?

ERWIN CHARGAFF: Nein. Sie schwelgen in Hyperbolen, in Überdrehungen und Übertreibungen, dass da überhaupt kein Gespräch mehr möglich ist. Mit dieser Meinung habe ich mir viele Feinde gemacht, das wissen Sie ja sehr gut.

DORIS WEBER: Ja, und Ihre Feinde sagen: der meckert an allem herum, weil er beleidigt ist, dass er den Nobelpreis nicht bekommen hat.

ERWIN CHARGAFF: Ich bin überhaupt nicht beleidigt, das ist alles nur Bosheit.

DORIS WEBER: Kränkt Sie das?

ERWIN CHARGAFF: Nein, ich lache ein bisserl. Ich meine, ich hätte gern den Nobelpreis bekommen, wer nicht? Aber meine Antwort daraufhin lautet immer: ich hätte ihn nur verdient, wenn der Avery ihn bekommen hätte, und zwar vor mir. Der Avery wird überhaupt nicht geehrt. Den kennt schon kein Mensch mehr, dabei hat er das Ganze entdeckt. Der hat entdeckt, dass die Gene die DNA sind. Also wenn jemand einen Nobelpreis verdient hätte, wäre es der Avery gewesen. Und dann vielleicht ich mit jemandem geteilt.

DORIS WEBER: Sagen Sie noch mal, was Sie entdeckt haben in der Folge von Avery?

ERWIN CHARGAFF: Avery hat die Entdeckung gemacht, dass die so genannten »transforming principles«, von einem Stamm Pneumokokken zum anderen gebracht, den Empfängerstamm in den Spenderstamm verwandeln. Es handelt sich meistens um Kohlehydrat-Kapseln um die Bakterienkörper herum. Avery entdeckte, dass diese »transforming principles« aus DNA bestehen. Mein Schluss war, es gibt verschiedene DNA, wir werden jetzt Methoden finden, um das zu zeigen. Das habe ich zusammen mit dem herrlichen Ernst Fischer gemacht. Er hat es am Schluss bis zum Direktor von Ciba Geigy gebracht und mich stark überholt. Leider lebt er nicht mehr, er war ein sehr feiner Mensch. Fischer war mein Mitarbeiter. Wir haben Methoden ausgearbeitet und die gesamte Zusammensetzung verschiedener Desoxyribonukleinsäuren (DNS) aufgezeigt, also dass es sehr viele verschiedene gibt, dass alle aber die so genannte Basen-Paarung zeigen: Adenin so viel wie Thymin, Guanin so viel wie Cytosin. Und das sind die so genannten Chargaff-Regeln, die Basen-Paarung. Die Basen-Paarung war dann das Hauptargument von Crick und Watson, denn eine Doppelhelix würde die beste Erklärung sein, Helix ist nichts, aber eine Doppelstruktur müsste die beste Erklärung sein für die Chargaff-Regel. Aber Avery ist vollkommen unbekannt, dabei ist er der wirkliche Entdecker. Ich habe seine Arbeit weiter entwickelt mit den so genannten Chargaffschen Regeln.

DORIS WEBER: Avery und Sie haben der Gentechnik die Tür geöffnet. Eigentlich müssten alle diese reichen Wissenschaftler Ihnen täglich Dankesbriefe schicken.

ERWIN CHARGAFF: Provision zahlen, ja. Aber ich brauch's nicht, nein.

DORIS WEBER: Aber warum erwähnen die Ihren Namen nicht?

ERWIN CHARGAFF: Gehen Sie einmal ins Internet, da werden Sie mich finden. Ich habe Tausende Seiten und Seiten im Internet, immer wieder die Chargaff-Regeln. Die Leute wissen schon, dass das wichtig ist, und manchmal steht dort auch, dass es die Grundlage war für Crick und Watson.

DORIS WEBER: Die Grundlage, sagen Sie, aber weltweit werden Crick und Watson heute als die Erfinder der Gentechnologie gefeiert.

ERWIN CHARGAFF: Crick und Watson haben überhaupt keine Arbeit gemacht, überhaupt nichts.

DORIS WEBER: Sind Sie traurig, dass Sie von diesen Wissenschaftlern nicht geehrt werden?

ERWIN CHARGAFF: Nein, nein. Wer will schon von solchen Leuten geehrt werden? Dann würde ich denken, ich habe etwas falsch gemacht. Nein, schauen Sie, die amerikanische Vorstellung von Celebrity ist bei Gott nicht das, was ich anstrebe. Ich bin absolut nicht enttäuscht, beleidigt oder irgendetwas, Ich hätte mich sehr gewundert, wenn ich den Nobelpreis gekriegt hätte, weil ich gar nicht darauf aus war. Das Ganze funktioniert doch wie im Filmgeschäft: da gibt es einen Oscar für einen Film, der dann Millionen abwirft. Sicher gibt es sehr anständige Nobelpreis-Empfänger. Aber diese neue Generation geht von einer Veranstaltung zur anderen und kassiert Geld für die sinnlosesten Vorträge, und sie sammeln Ehrendoktorate. Wer will das schon?

DORIS WEBER: Denken Sie manchmal, hätte ich das bloß nicht mitentdeckt, hätte ich bloß diese Türe nicht mitgeöffnet?

*N**ie wieder sollte ich sogar den Naturforscher als Gentleman antreffen. (...) Hiroshima und Nagasaki konnten bald als lebende – weil tote – Monumente der Physik und Chemie angesehen werden. Später sind noch einige weitere Denkmäler dazugekommen, für die Biologie, für die Genetik, für angewandte Wissenschaften wie die Medizin usw. Unsere so tödlich und magisch strahlende wissenschaftliche Welt mag vielen als ein Paradies erscheinen, unsern Großvätern wäre sie noch wie eine Hölle vorgekommen.* ■

Aus: **»Ein zweites Leben«**

ERWIN CHARGAFF: Dann hätte eben ein anderer es getan. Ich habe nicht gewusst, was wir finden werden. Es hätte sich auch herausstellen können, dass die Methode der quantitativen Analyse unzulänglich ist. In der guten Wissenschaft, welches ja die kleine Wissenschaft oder die alte Wissenschaft ist, spielt weniger der Einfall eine Rolle als vielmehr die Sauberkeit. Jemand anderes hätte es gefunden, vielleicht zwei, drei Jahre später. Das waren alles keine Geniestreiche, und wir waren einfach sehr sorgfältige, sehr langsame Menschen. Wenn Sie das Buch lesen von Watson, »The Doppelhelix«, sehen Sie doch, wie die fieberhaft gelaufen sind von Tür zu Tür, wie sie die arme Rosalin Franklin aufs Scheußlichste bestohlen haben.

DORIS WEBER: Was haben sie ihr gestohlen?

ERWIN CHARGAFF: Sie hat die wirklichen Röntgen-Arbeiten gemacht, die Röntgenstruktur.

DORIS WEBER: Wie war Ihre Begegnung mit Crick und Watson, Sie haben ja darüber auch in Ihrem Buch »Das Feuer des Heraklit« geschrieben?

ERWIN CHARGAFF: Sie haben nichts gewusst von der Struktur dieser Sachen, gar nichts. Sie haben, als ich mit ihnen gesprochen habe, die Struktur von Thymin nicht gekannt, einer dieser Bestandteile. Sie waren darauf aus, etwas von mir zu erfahren. Sie haben mich wahrscheinlich irgendwie beschummelt oder beschummeln wollen. Sie wollten mir nichts zeigen, sie haben Angst gehabt, ich würde merken, worauf sie aus sind.

DORIS WEBER: Aber die haben nie Kontakt zu Ihnen gesucht? Die beiden wussten doch, dass Sie Mitentdecker der Gentechnik sind, also eine große wissenschaftliche Autorität.

ERWIN CHARGAFF: Nein, das ist nicht üblich im Allgemeinen. Ich war ja nicht befreundet mit ihnen, und sie haben sich nicht sehr anständig benommen, aber ich will darüber nicht reden.

DORIS WEBER: Erinnern Sie sich noch an den Ciba-Kongreß »Man and His Future«?

ERWIN CHARGAFF: Ja, aber ich habe nicht daran teilgenommen. Das war schon die neue Generation. Ungefähr um 1960 herum ist der große Umbruch vor sich gegangen. Damals wurde die alte Naturwissenschaft durch die neue ersetzt.

DORIS WEBER: Damals wurden auch die Träume der Genetiker öffentlich. Man wollte kleinwüchsige Menschen bauen, die in Raketen passen, Menschen mit nur einem Finger, die in Fabriken die Knöpfe bedienen, Menschen, die sich wendig wie Schimpansen bewegen, und solche, die sich stress-resistent auf den Schlachtfeldern künftiger Kriege behaupten. Nach diesem

Kongress haben Sie, Herr Chargaff, öffentlich solche Pläne als einen »Musterkatalog der Hölle« angeprangert.

ERWIN CHARGAFF: Ich würde das noch immer sagen. Ich meine, da hat es angefangen. Aber ich kann mich nur wiederholen: es ist erstaunlich wenig herausgekommen – auch, wenn es kaum jemand glauben mag – für diese Billionen von Dollars, die da ausgeschüttet wurden. Das hat eine im Allgemeinen nicht sehr qualifizierte Sorte von Menschen angezogen, und das Ganze hat den Geruch von Spekulation. Heute wird schon die kleinste Sequenz patentiert. Ich habe in meinem ganzen Leben kein einziges Patent angemeldet, und es wäre mir auch nicht eingefallen. Ich hatte ein Professoren-Gehalt, davon konnte ich leben. Ich habe keine großen Bedürfnisse gehabt, nur Bücher, die kosten auch viel.

»Herzblut macht Tintenflecken«

DORIS WEBER: Und Sie können gut schlafen.

ERWIN CHARGAFF: Nein, jetzt nicht mehr – leider. Aber aus anderen Gründen. Ich habe nie, wie so viele, das Gefühl gehabt, in einem Wettlauf gefangen zu sein, dass mich jemand überholt oder ich jemanden überhole. Sobald ich etwas gefunden habe, habe ich's aufgeschrieben. Ich kann mich nicht beklagen, ich habe eigentlich ein Leben geführt wie ein Buchhalter.

DORIS WEBER: Kennen Sie diesen Satz: die Naturwissenschaftler sind zu Laufburschen der irdischen Glückseligkeit geworden?

ERWIN CHARGAFF: Ja, der ist von mir.

DORIS WEBER: Herr Dr. Chargaff, eine Frage, wenn wir schon über Science-fiction reden: Käme jetzt einer daher und würde sagen, ich drehe den Geldhahn zu, alle Genlabors werden abgeschlossen. Und die Wissenschaftler, die dort arbeiten, werden erst einmal auf die Schulbank gesetzt. Man wird ihnen die Hosen stramm ziehen, den Hintern verprügeln, die Watschn geben, von der Sie gesprochen haben. So, und dann versuchen wir, sie zu ordentlichen Wissenschaftlern umzuerziehen. Wäre das ein Verlust, wenn alle Gen-Forschungsstätten, alle Labors zugeschlossen und die Türen versiegelt würden?

ERWIN CHARGAFF: Ich glaube nicht, dass es ein Verlust wäre, denn wir haben ja kein Recht darauf, ein Datum zu beschließen, wann etwas gefunden werden soll. Es wäre ein Moratorium, und das wäre sehr gut. Aber ich glaube nicht, dass das auf Ihre brutale Art gemacht werden kann oder auf meine, wenn ich sage, dass die Zuwendungen jedes Jahr um 10 Prozent geringer werden sollten, bis sie auf normale Bezüge zurückgeführt sind. So eine Verlangsamung des Betriebes wäre unerhört wünschenswert.

DORIS WEBER: Wenn Sie sagen, wir haben kein Recht darauf, ein Datum zu beschließen, wann etwas gefunden werden soll, plädieren Sie dann dafür, dass der Naturwissenschaftler den Status eines ehrfürchtigen Beobachters einnehmen soll. Eines Wissenschaftlers, der sich mit der Rolle des Beschreibenden über die Vorgänge in der Natur begnügt, der schaut und wartet, bis die Natur selbst weitere Daten offeriert?

»Die Welt erstickt an gelösten Rätseln«

ERWIN CHARGAFF: Das war eigentlich die Marschroute, die zu meiner Zeit geherrscht hat. Geld und Kredite wurden auch als ein Segen betrachtet, aber als ein seltener. Alles war natürlich viel billiger, es war vor den großen Inflationen. Aber ich glaube, die Welt hat keinen Anspruch auf Daten. Ich finde das eine Gemeinheit, wenn es heute heißt: wir müssen das Menschen-Genom spätestens 2002 oder 2005 enträtselt haben. Was wird herauskommen? Wenn sie's dann publizieren, wird eine wahnsinnige Menge von Fehlern drin sein, die allmählich ausgemerzt werden müssen. Es ist gedankenlose Arbeit, mehr industrieller Art. Das ist eben der neue Ton.

DORIS WEBER: Und wofür ist es gut, wenn das Genom entschlüsselt ist? Was hilft es den Menschen?

ERWIN CHARGAFF: Angeblich können dann alle Krankheiten geheilt werden. Ich glaube vielmehr, es wird vorher zu unerhört unangenehmen Wirkungen führen, zum Beispiel, dass die Leute ihren Gen-Pass fälschen, weil sie sonst ihren Job verlieren. Denn wehe, es stellt sich irgendwo heraus, dass am Nucleotid 235 etwas falsch ist. Dann wird die Chase Manhatten Bank sagen: dieser Mann kann bei uns nicht Kassierer sein. Es ist nicht gut, mit der Pythia von Olympia verheiratet zu sein, mit der Prophetin.

DORIS WEBER: Sie haben immer dringend vor der Gentechnik als einer eugenischen Wissenschaft gewarnt, weil sie fortan bestimmt, was lebenswert und was lebensunwert ist.

ERWIN CHARGAFF: Ja. Ich habe den Namen Mengele erwähnt. Es ist ja eigentlich vieles von dem, was jetzt so diskutiert wird, den Leuten schon in der Hitlerzeit eingefallen, nur in einer sehr laienhaften Form. Jetzt wird das alles viel mehr verbrämt. Der Grundunterschied zwischen der Minderheit, die ich vertrete, und der Mehrheit, die ich gerne zertreten würde, ist eigentlich, dass ich der Meinung bin, dass Menschen Grenzen gesetzt sind, dass uns die Ehrfurcht vor der Natur und noch vor vielem anderen verloren gegangen ist. dass es eher wünschenswert ist, wenn auch ein Wissenschaftler, wenn er im Alter in den Spiegel schaut, nicht spucken möchte auf das, was er da sieht und was er alles getan hat. Die Wissenschaft sollte nur eine Branche, ein Zweig eines anständigen Lebens sein, nicht eine Religion.

Andererseits aber braucht die Natur so etwas wie einen Ombudsmann gegenüber der Menschheit. Und ich sehe meine Funktion ein bisschen darin, jemand zu sein, bei dem die Natur sich beklagen kann über das, was ihr widerfährt.

st nicht, wenn man genau hinschaut, die ganze Natur verbesserungsfähig? Was Millionen von Jahren gekrümmt haben, müssen wir gerade machen; was gerade ist, müssen wir krümmen. Wir fragen die Natur nach ihrem Zweck und sind mit ihrer Antwort, die wir uns selbst geben, unzufrieden. Daher der sinnlose, oft verbrecherische Angriff der Gentechnik auf die Konstitution der Lebewesen. Wenn Bakterien Insulin für die Pharmaindustrie fabrizieren können, warum sollen Karotten nicht nach Knoblauch riechen? Sind Hormone zu etwas anderem da, als die Kühe zu zwingen, doppelt so viel Milch zu produzieren, als sie von Natur aus können? Wir stehen mitten im Unterfangen, eine »Designer«-Natur an die Stelle der alten, unzureichend gewordenen zu setzen. Ich glaube, dass man von den Generationen der letzten 150 Jahre sagen kann, sie seien die ersten gewesen, denen es gelungen ist, die Welt schlechter zu machen als sie je zuvor gewesen ist. ■ Aus: **»Ein zweites Leben«**

3

Der Ehrfürchtige

»Auch Klonsprösslinge haben eine Seele«

J etzt hat man also die 48 oder was immer Homunkuli in einem sehr frühen Stadium, vielleicht 16zellig. Was geschieht dann? Ich vermute, sie werden der entsprechenden Zahl von Uterustaxametern anvertraut, und wenn diese ihre neunmonatige Pflicht getan haben, erblickt die identische Horde das Licht der Welt. Es werden weniger sein als am Beginn des Experiments, denn ein Teil des Klonregiments wird tiefgefroren für einen späteren Start zurückbehalten werden. Weitere Perspektiven sind sowohl grauslich wie komisch ... Ich denke, man kann die Hämorrhoiden klonen, nicht das Genie. Das Ganze ist wilder Blödsinn, dazu geeignet, das ohnedies schon so ramponierte Menschenbild unserer Zeit noch mehr zu besudeln. Wenn es so weitergeht, werden wir bald die ersten patentierten Menschen haben, die natürlich einer Pharmafirma gehören werden. ■ Aus: **»Ein zweites Leben«**

Kinder, sie leben noch mit dem Zauberwort »Trotzdem« im Herzen. Tagelang, sagt Erwin Chargaff, könnte er mit stiller Beobachtung verbringen und die Linguistik eines Kindes studieren. Das Aufwachsen eines Kindes ist für ihn ein Wunder, das Klonen eines Embryos dagegen vulgäres Machwerk geldgieriger Biochemiker.

DORIS WEBER: Man ist nun dabei, den Menschen zu klonen, und in diesem Zusammenhang wird auch die Frage aufgeworfen: was ist das denn, ein Klon? Ist es ein gentechnisches Geschöpf? Eine im Labor hergestellte Sache. Ist das ein Mensch? Hat der eine Seele?

ERWIN CHARGAFF: Der Begriff »Seele« ist verloren gegangen. Ich glaube, ich bin einer der wenigen Schriftsteller, bei dem dieses Wort noch häufig vorkommt, wie viele von den alten Wörtern bei mir noch gerne vorkommen. Die Seele ist nämlich etwas, was beleidigend wirkt für den Wissenschaftler, denn er kann nichts über sie aussagen. Ob sie ein Gas ist, eine Flüssigkeit, ein Kristall, ob sie überhaupt definierbar ist in diesen Formen. Nun ist ja, wenn Sie wollen, jede geistige Schöpfung, jedes Gedicht, jede Sonate eine Doppelstruktur. Es ist etwas, was in unsere Welt hineinreicht, ein Mensch hat sie geschaffen mit seinen Fingern und seinem Kopf. Und andererseits ist etwas hineingeflossen, wovon man das Gefühl hat, dass es oberhalb einer Kante ist, die uns von dem, was wir nicht sagen können, scheidet. Es ist etwas Überweltliches, in weltlichem Sinne der Menschen gedacht, so dass es sehr schwer ist, etwas darüber auszusagen. Die Seele? Ich habe einmal zum Spaß vorgeschlagen, man sollte die Sterbebetten mit sehr genauen Instrumenten versehen, dass man den Gewichtsverlust beim Tod messen kann – das müsste dann die Seele sein. Ich meine nicht, dass man etwas finden wird. Ich wollte mit dem Vorschlag deutlich machen, wie sinnlos die Materialisierung des Unmaterialisierbaren ist. Und das ist eben so, wenn wir von Geist, Seele, Schöpfung sprechen. Ich meine, es ist so, wie wenn man dem Tausendfüßler sagt, heb' deinen Fuß 737. Er hat nie nachgedacht, dass sie nummeriert sind. Er hat tausend Füße, aber man darf ihm nicht sagen, den bestimmten soll er beugen. Dann ist er draußen. Und so ist es bei all diesen Dingen. Es ist etwas, was mit der Definition verloren geht. In dem Moment, wo man anfängt, darüber zu reden, verwäscht man es schon. Aber ich habe das deutliche Gefühl, dass in dem Zustandekommen eines großen Gedichts etwas eintritt, was wir überhaupt nicht mit unserer Nomenklatur identifizieren oder beschreiben können. Das gilt nicht für die wissenschaftliche Forschung. Deshalb sage ich auch, in der Naturwissenschaft, überhaupt in der Wissenschaft, kann es keine Genies geben. Es gibt einen sehr guten Aphorismus von mir, der lautet: Das Talent erfindet, das Genie erinnert sich. Die Erinnerung ist etwas, was nicht definierbar ist. Erfinden heißt, sich etwas ausdenken: einen schönen Roman, eine schöne Sonate usw., aber es gibt etwas, was darüber ist, wenn jemand ein Genie ist. Mozart hat seine Musik gehört, bevor er sie geschrieben hat. Sie hat gelebt in ihm, und er hat sie nur zu schreiben brauchen. Es ist vielleicht eine kindische Vorstellung, aber er beschreibt es ja genauso.

> **»Wer die Einmaligkeit des Unwiederholbaren zu zerstören unternimmt, handelt abscheulich.«**
>
> Aus: »Das Feuer des Herkalit«

DORIS WEBER: Aber er hat sich erinnert an etwas, was er gehört hat?

ERWIN CHARGAFF: Nein, das ihm Gott gegeben hat. Er hatte »Seele«. Ich weiß auch nicht, was die Eigenschaften einer Seele sind, man kann sie nicht beschreiben.

DORIS WEBER: Haben Klonsprösslinge eine Seele?

ERWIN CHARGAFF: Wenn die Klone wirklich Menschen sind, müssen sie eine Seele haben. Denn in meiner Nomenklatur hat zumindest jeder eine Seele, der glaubt, eine zu haben. Wer sagt, ich hab' keine Seele, der hat vielleicht wirklich keine. Also man müsste mit einem Klon sprechen.

DORIS WEBER: Sollte man von einem Menschen sprechen statt von einem Klon?

ERWIN CHARGAFF: Er muss ja auch patentierbar sein.

DORIS WEBER: Sachen sind patentierbar, leblose Gegenstände, Gebrauchsartikel, technische Erfindungen, wenn wir jetzt anfangen, Lebewesen zu patentieren, haben diese dann den Status einer Sache?

E*ines der ärgsten, das letzthin zu viel Lärm gemacht hat, ist der Versuch, den Menschen zu klonen. Es wird unter Absegnung durch die Professoren der Bioethik, und wahrscheinlich auch bald durch das Patentamt, unternommen und wird zweifellos mit der Zeit zu patentierbaren und verkäuflichen »Menschen« führen. ... Nun glaube ich, dass man sagen kann, die Natur als rerum creatrix, als Schöpferin, scheue die Erzeugung völlig identischer Lebewesen. Kein Baum, kein Blatt, nicht zu reden vom Menschen, gleichen völlig einem andern.* ∎

Aus: **Ein zweites Leben«**

ERWIN CHARGAFF: Diese Einstellung haben wir ohnedies. Ich bin überzeugt, ein Genetiker, der bei einem großen Konzern angestellt ist, wird lachen über diesen Diskurs, den wir hier führen. Natürlich, alles ist eine Ware.

DORIS WEBER: Wenn dann das Designer-Baby nicht dem Katalog entspricht, können wir die Annahme der Ware verweigern? Ist der Klonsprössling misslungen, schmeißen wir ihn weg. Aber solange er aussieht wie ein Mensch, hat dieser Mensch eine Seele, ist er nicht wegwerfbar, gebührt ihm doch Ehrfurcht, irgendein Rest von Ehrfurcht muss doch bleiben?

ERWIN CHARGAFF: Sicherlich. Ich werde bereit sein, ihm denselben Respekt entgegenzubringen wie jedem anderen Menschen auch. Und ich bin überzeugt, dass, wenn er in der Frühe Kaffee trinkt und eine Semmel isst, er seine Menschlichkeit schon dadurch bewiesen hat. Und wenn er dann nicht den Fernseher anmacht, ist er wahrhaftig ein Mensch. Aber interessant wäre, wenn er es nicht täte. Wenn er sich plötzlich so benehmen würde wie ein Geist aus anderen Gegenden. Das wäre ja auch denkbar. Ich weiß nicht, was für Träume er hat. Ich glaube, man kann ja den Geist nicht klonen, man kann ja eigentlich nur die körperlichen Eigenschaften und die physiologischen Eigenschaften annehmen. Ich finde das Ganze ekelhaft, wissen Sie, unappetitlich, ekelhaft.

Jeder Mensch, wir wissen es wohl, ist eine unersetzliche Individualität und kann durch keine andere dupliziert werden. Und doch gab es, bis vor kurzem, nur eine Art geboren zu werden, wenn auch viele Arten zu sterben. Dank den abscheulichen Innovationen der letzten Jahre gibt es jetzt mehrere Arten geboren zu werden, und aus Gründen der Symmetrie sollte es bald nur eine Weise des Abgangs geben, durch Hinrichtung. ■ Aus: **»Ein zweites Leben«**

DORIS WEBER: Wenn es nun so etwas gibt wie einen Schöpfer, einen Gott ...?

ERWIN CHARGAFF: Wenn es den lieben Gott gibt, wird er über das Ganze nur lachen. Das sind ja alles so kindische Liliput-Ideen. Ich glaube wirklich, dass man zu viel Geisteskraft darauf verwendet auf etwas, was sich hier als eine große hanebüchene Renommiererei herausstellen wird. Ich bin überzeugt, dass bald ein Gesetz existieren wird über die väterlichen Verpflichtungen gegenüber einem Klon, denn es wäre lästig, wenn die Klone der Öffentlichkeit zur Last fallen. Also muss der Vater oder gerechterweise der Genetiker die Kosten tragen. Das wird das Klonen äußerst unattraktiv machen. Von der Alternative, dass man Menschen züchtet vielleicht ohne Kopf, aber mit einer großen Niere für Transplantationen usw., hab' ich schon gehört. Es wäre eine Verbesserung, wenn man die Klone ohne Kopf bekommen könnte, man hätte weniger moralische Verpflichtungen ihnen gegenüber. Aber ich meine es nicht ganz ernst, eher bitter.

DORIS WEBER: Um den Menschen rein zweckgebunden als Ersatzteillager zu züchten?

ERWIN CHARGAFF: Sicher, der Mensch ein Automobil. Ich meine, man kann ja auch auf den Automobil-Friedhof gehen und irgendwelche Ersatzteile holen, die nützlich sind für sein eigenes, alt gewordenes Automobil. So wird es später mit den Menschen kommen. Aber wenn alles das eintrifft, wird es eine derartige Verblödung der Menschheit mit sich bringen, dass man gar nicht voraussagen kann, was geschehen wird.

DORIS WEBER: Muss man Angst haben?

ERWIN CHARGAFF: Nein, man soll keine Angst haben. Weil ich Lügner und Schreihälse nicht gern habe, verachte ich diese Menschen eher. Ich habe keine Bewunderung für sie. Schauen Sie, es ist erstaunlich wenig herausgekommen, viele PR-Arbeiten, aber nichts wirklich Hilfreiches. Ob die Harvard-Maus – angeblich das erste patentierte Lebewesen, an dem man alle Möglichkeiten für Krebs studieren kann –, ob sie verwendet wird oder ob nur die Zeitungen davon profitiert haben, weiß ich nicht.

DORIS WEBER: Gerade in der medizinischen Forschung werden so genannte verbrauchende Versuche an menschlichen Embryonen als höchst notwendig erklärt. Darf man Ihrer Meinung nach eine verbrauchende Forschung an menschlichen Embryonen betreiben?

ERWIN CHARGAFF: Natürlich nicht, ich bin sehr dagegen. Ich bin lächerlicherweise für die Unterbindung der Geschwindigkeit des wissenschaftlichen Fortschritts. Man könnte fast sagen, ich bin gegen den wissenschaftlichen Fortschritt. Ich bin für eine Zügelung aller dieser Sachen durch Gesetze. Ich habe schon gesagt, dass ich für das Verbot gewisser Experimente bin. Ich habe das gesagt anlässlich der Atomspaltung. An sich war die Atomspaltung etwas Verbotenes.

DORIS WEBER: Um an Embryonen forschen zu können, verbrauchend beforschen heißt ja nichts anders, als sie zu verbrauchen, wird das Datum, ab wann es sich um menschliches Leben handelt, immer weiter nach hinten geschoben. Manche sagen: wir forschen doch nur an Gewebe, an einem Zellklumpen, ein Mensch ist es doch erst nach dem 3.,4., oder 5. Monat, für manche sogar erst nach der Geburt. Und so lange können und dürfen wir alles machen. Also es gibt eine schwierige ethische Debatte im Zusammenhang mit dieser Forschung unter der Fragestellung: wann ist der Mensch ein Mensch?

ERWIN CHARGAFF: Da werde ich derselben Meinung sein, wie die reaktionärsten Katholiken, die sagen, bei der Befruchtung ist der Mensch gesetzt. Ein befruchtetes Ei ist der Beginn eines Menschen. Alles weitere folgt. Wie man sagen kann, der Mensch beginnt erst, wenn er Papa sagt, ich meine, das ist doch ziemlich lächerlich. Ich bin in diesen Sachen reaktionär, wenn Sie wollen.

DORIS WEBER: Sind wir im Zeitalter der Gentechnik?

Kleine Menschen, frisch geklont, bei Abnahme eines Dutzends 15 % Rabatt. Michelangelos Pietá ist eine weltberühmte Skulptur, die in ungezählten Herzen Rührung und Bewunderung hervorgerufen hat. Ein Teil unserer Gefühle kommt auch daher, dass wir wissen, dass wir etwas Einmaliges betrachten, ein nicht wiederholbares Gebilde, auf dem vor langen Zeiten die Hände des Meisters selbst geruht haben, während er es entwarf und zur Vollendung führte.

■ Aus: **»Ein zweites Leben«**

ERWIN CHARGAFF: Ich glaube auch nicht an das gentechnische Zeitalter, das Ganze riecht so stark nach Übertreibung – was man in Amerika hype nennt. Es ist gar nicht notwendig, das ernst zu nehmen. Aber ich kann mich auch irren. Es hat früher auch Leute gegeben, die den ersten Kaffee gekostet und gesagt haben, die Tasse Kaffee wird sich nicht durchsetzen. Heute trinkt die ganze Welt Kaffee. Also vielleicht mache ich auch den Fehler, die Gentechnik nicht ernst zu nehmen. Es gab auch

Leute, die sahen den ersten Flieger und sagten, man wird nie fliegen können. Klonen und die ganze Gentechnik ist eben ein Gesetzesbruch, der nicht hätte geschehen dürfen.

DORIS WEBER: »Es ist schade um die Menschen«, so haben Sie zu Beginn unseres Gesprächs Strindberg zitiert.

ERWIN CHARGAFF: Strindberg war ein Menschenfeind.

DORIS WEBER: Und Sie?

ERWIN CHARGAFF: Ich bin kein Menschenfeind, eher ein Menschenkritiker. Strindberg war auch ein unerhörter Weiberfeind. Das war ich nie. Im Gegenteil. Ich habe immer gesagt, wenn man schon so was sagen muss: die Weiber sind der bessere Teil der Menschheit, noch immer.

DORIS WEBER: Warum?

ERWIN CHARGAFF: Sie sind nicht ganz verloren gegangen. Es gibt einen Unterschied zwischen Frauen und Männern. Nicht nur, weil Frauen die einzigen sind, die Kinder kriegen können und das Verhältnis einer Mutter zu einem Kind etwas ist, was der Mann in dieser Form nicht nachempfinden kann. Jetzt, leider Gottes, werden die Frauen immer mehr maskulinisiert.

»Eine stumme Trauer hat sich auf die Welt gesenkt. Es ist die Trauer der siebten Todsünde«

DORIS WEBER: Im Zuge der neuen Reproduktionstechniken sagen viele Frauen und Männer: Jetzt, wo wir so weit sind, dass man Kinder künstlich im Reagenzglas zeugen kann, dass man Embryonen einfrieren und zu einem beliebigen Zeitpunkt auftauen kann, sind die Freiheiten endlich grenzenlos. Frauen und Männer können Karriere machen, um die Welt reisen, Häuser bauen, und irgendwann, wenn es passt, ihren Embryo vom Eis holen. Die genetische Mutter muss es gar nicht selber austragen, es kann auch eine so genannte biologische Mutter sein, die ihren

Körper – gegen Bezahlung – zur Verfügung stellt. Eine so genannte soziale Mutter könnte das Kind erziehen. Vielleicht gibt es demnächst eine künstliche Gebärmutter, die den Embryo bis zur Geburt »ausbrütet«, dann wäre auch die Schwangerschaft abgeschafft. Diese Entwicklung wird von vielen Menschen als ein großer emanzipatorischer Fortschritt gefeiert.

»Den Schöpfer zu verehren und seine Schöpfung zu verachten: was sind das für plumpe Schmeichler!«

ERWIN CHARGAFF: Das ist fruchtbar traurig. Aber es ist ein Zeichen unserer Zeit. Es passt zu allem anderen. Wenn das passiert, wenn Frauen nicht mehr ihre Kinder bekommen, oder wenn sie ihre Schwangerschaft delegieren, Kinder im Labor erzeugen, dann erleiden wir alle einen kompletten Verlust. Es ist ein Vorgang, der den Menschen aus den Händen Gottes herausreißen will. Der Mensch war noch immer in seiner Impotenz, in seiner Machtlosigkeit, in seiner Sterblichkeit eingebettet in etwas, was größer ist als er. Und er wird herausgerissen aus diesen Relationen. Er macht sich selbst zum Schöpfer. Die Vielfalt des Menschen ist bedroht. Denn jetzt werden Kinder nach Maß, nach Norm, nach eigenen Vorstellungen von gesund und krank, von schön und hässlich hergestellt. Der Mensch wird standardisiert und industrialisiert, die Kinder werden mechanisch erzeugt werden.

DORIS WEBER: Wenn Schwangerschaft und Geburt im Labor bewerkstelligt werden, wenn Mutter und Kind keine biologische Einheit mehr bilden, werden Leib und Seele auseinander gerissen?

ERWIN CHARGAFF: Es geht etwas zu Ende in dieser Welt. Es ist bereits im Zuge zu Ende zu gehen. Es ist der vollkommene Verlust der Menschlichkeit. Es ist keine Frage, dass das, worüber wir sprechen, die Dinge sind, die die Frauen an das Höhere knüpfen. Wir leben in einer Deshumanisierung. Es ist alles so weit weg vom Menschen. Wir sitzen in einer Hülse. Jeder hat seine Nummer. Ich weiß nicht, warum die Menschen das alles geschehen lassen. Ich habe laut protestiert und bin erstaunt, wie wenige Menschen auf der Welt eigentlich dieser Meinung sind.

DORIS WEBER: Der Mensch im dritten Jahrtausend, wie sehen Sie ihn?

ERWIN CHARGAFF: Kein Mensch kann die Zukunft voraussagen. Ich glaube, es wird so sein wie jetzt, nur ein bisschen ärger. Ja, ich meine, mehr Menschen, unbequemer, schlechtere Luft, schlechtere Nahrung, und es wird ein Zeitpunkt kommen, wenn zehn Milliarden Chinesen alle gern Autos fahren wollen, dann wird die Welt ersticken.

DORIS WEBER: Aber das Projekt Mensch, ist das gescheitert?

ERWIN CHARGAFF: Es gibt kein Projekt Mensch, so wie es kein Projekt Maikäfer gibt. Der Mensch ist einfach da.

DORIS WEBER: Und wenn der Mensch also die Grenze weiterhin überschreitet und immer mehr will?

ERWIN CHARGAFF: Wenn der Mensch die Grenze überschreitet, hört sie auf, eine Grenze zu sein. Und in einem gewissen Sinn hört er auch auf, ein Mensch zu sein. Das ist so bei diesen nicht-überschreitbaren Grenzen, wie ich sie genannt habe. Die Atomspaltung zum Beispiel, war so eine Grenze. Es ist schwer, zwischen Science-Fiction und der Wahrheit zu unterscheiden. Was wir hören, ist meistens Science-Fiction, eine Projektion auf die

Gegenüber den wildgewordenen Wissenschaften benehmen sich die Menschen wie verwirrte Hennen; sie rennen im Kreis, flehentlich gackernd, in der Hoffnung, die Wissenschaft werde sie endlich vom Eierlegen dispensieren. Auch das wird einmal geschehen, aber unterdessen sind die mit der Etikette »molekular« ausgezeichneten biologischen Wissenschaften damit beschäftigt, den Menschen das normale Kinderkriegen abzugewöhnen und endlich den unverwüstlichen High-Tech-Menschen zu erzeugen. Dieser wird keine Bedenken haben, den mit der Atombombe eingeschlagenen Weg fortzusetzen. ∎

Aus: **»Ein zweites Leben«**

Zukunft, um Geld zu bekommen für die Gegenwart. Aber ob etwas wirklich begründet ist, bleibt fraglich.

DORIS WEBER: Martin Luther hat gesagt: »Und wenn ich wüsste, dass morgen die Welt untergeht, würde ich heute einen Apfelbaum pflanzen.« Wie finden Sie diesen Satz?

ERWIN CHARGAFF: Man kann sehr verschieden darüber denken. Man kann sagen, es ist ein Blödsinn, er sollte lieber schauen, was aus ihm wird, aber es ist schön. Es ist schön, aber das sagt er, weil er ein sehr gottesgläubiger Mensch war. Wenn er einen Apfelbaum hätte pflanzen können, wäre das mit dem Willen Gottes geschehen. Also ich meine, wenn die Welt zu Grunde geht, wäre das ja auch der Wille Gottes.

DORIS WEBER: Es kann doch auch sein, dass Luther sagt, dass wir immer wieder hoffen dürfen, selbst, wenn wir vor dem Abgrund stehen?

ERWIN CHARGAFF: Ach ja, meint er das so? Denn an sich, wenn die Welt untergeht, hat es ja wenig Sinn, einen Apfelbaum zu pflanzen, denn er wird ja auch sofort untergehen mit der Welt. Aber Sie haben Recht, dass er als Zeichen seiner wahren inbrünstigen Hoffnung justament einen Apfelbaum pflanzt.

DORIS WEBER: Und wenn wir leben, als würde die Welt nicht untergehen, vielleicht kann sie besser werden?

ERWIN CHARGAFF: Wir leben ja alle, als würde die Welt nicht untergehen, wir leben alle, wissend, dass wir untergehen werden, aber die Welt nicht untergehen wird. Der Mensch wird verschwinden, nicht die Welt. Wir tun so, als würde die Welt nicht untergehen.

DORIS WEBER: Glauben Sie, eines Tages ist der Mensch verschwunden, die Natur schüttelt uns wie eine kleine Laus aus ihrem Pelz?

ERWIN CHARGAFF: Ja, das will ich schon glauben. Wir wissen ja gar nicht, was in anderen Welten vor sich gegangen ist. Es ist ja nicht undenkbar, dass andere Zivilisationen untergegangen sind vor Millionen Jahren. Wir sind ja nur ein Punkt, ein Pünktchen. Die ganze menschliche Geschichte ist ja gar nix, wenn man bedenkt, mit welchen Zahlen man operieren muss. Das Universum, diese Schöpfung ist 135 Billionen Jahre alt. Ich weiß nicht, was das heißt für den Menschen.

I ch kann mir nichts Schamloseres vorstellen als den Versuch, die Existenz Gottes mit Hilfe der Physik oder der Biologie zu beweisen oder zu widerlegen. Der Glaube an Gott kann durch die Naturforschung ebenso wenig vernichtet werden wie der Glaube an die Naturforschung durch den Gottesglauben. Die beiden Feldzüge finden auf derart verschiedenen Ebenen statt, dass es niemals zu einem Zusammenstoß kommen kann. Die Suche nach Gott vermittels der Naturwissenschaft ist ein Unsinn. Gott ist nicht etwas, was man finden kann wie einen verlorenen Knopf; er ist das ewig Unauffindbare, das ewig Unaussprechliche, vor dem unsere Sprachen, unsere Grammatiken versagen müssen. ■

Aus: **»Ein zweites Leben«**

4

Der Heimatlose

»Ich sehne mich dauernd
und kann nicht sagen wonach«

I n der Riesenstadt New York, in der ich lebe, gibt es keinen Menschen, den ich um Hilfe, ja auch nur um einen freundschaftlichen Dienst bitten könnte. Es liegt mir fern, die Hartherzigkeit der Welt deswegen anzuklagen, meine schwierige Wesensart trägt gewiss mehr Schuld. Manchmal tröste und vertröste ich mich, indem ich mit Methusalem sage: die ersten 400 Jahre sind die schwersten. ∎

Aus: **»Das Feuer des Heraklit«**

Hier spricht ein einsamer alter Mann, ein trauriger Philosoph, ein sehnsüchtiger Melancholiker, ein gläubiger Zweifler, ein Mahner und Warner, ein Verlorener, ein Heimatloser.

DORIS WEBER: New York mögen Sie nicht, obwohl Sie seit über 60 Jahren in dieser Stadt leben. Sie nennen New York die Kloake des zwanzigsten Jahrhunderts. Was bedeutet Ihnen Heimat?

ERWIN CHARGAFF: Heimat ist für mich erstens einmal eines der nicht allzu häufigen deutschen Wörter, die praktisch unübersetzbar sind. Ich wüsste nicht, wie man auf Englisch oder Französisch Heimat übersetzen kann. Man kann »home« sagen, aber Heimat mit den Untertönen, die dieses Wort in sich trägt, das ist alles Mögliche. Das sind die Eltern, die Mutter besonders, das Haus, in dem man gelebt hat. Die Schule. Ich habe sogar gesagt, die Katzen am Sonntag, wie sie ausgesehen haben. Das alles zusammen, die Sprache selbst, der Ton der Sprache in der Heimat ist etwas ganz Unersetzbares und vor allem für diejenigen, die sie nicht haben, die Heimat. Ich bin überzeugt, dass ich Heimat so hochschätze, weil ich eigentlich nie eine gehabt habe. Ich habe in Wien gelebt, aber ich kann nicht sagen, dass Wien meine Heimat ist. Und wie vie-

Während ich dies schreibe, ist es kälter geworden in New York. Im Park fällt das wunderschön verfärbte Laub von den Bäumen, auf den Bänken schlafen die Obdachlosen in durch die Nachtkälte verkrümmten Haltungen. Blicke ich auf die Bäume, so glaube ich an den Fortschritt, denn die Blätter werden wiederkommen. Blicke ich auf die Kauernden, so verliere ich diesen Glauben, denn die Armen werden nie in richtigen Betten schlafen. ∎

Aus: **»Ein zweites Leben«**

le Amerikaner habe ich einfach keine Heimat. Heimat ist etwas, was ich hochschätze, aber nicht besitze.

DORIS WEBER: Haben Sie Sehnsucht?

ERWIN CHARGAFF: Ja. Ich sehne mich dauernd, ich kann nicht sagen wonach. Aber Sehnsucht und Trauer sind zwei Gefühle, die mich mein ganzes Leben lang begleitet haben. Auch eine nicht definierbare Trauer über nicht nennbare Verluste.

DORIS WEBER: Sie haben geschrieben: »Eine stumme Trauer hat sich auf die Welt gesenkt. Es ist die Trauer der Siebten Todsünde«. Und dann zitieren Sie den von Ihnen sehr geschätzten dänischen Religionsphilosoph Sören Kierkegaard: »Alles Verderben wird zuletzt von den Naturwissenschaften kommen.«

ch glaube nicht, dass ich ein besonders brillanter junger Mann gewesen bin, besonders, wenn ich an einige denke, die während meiner Jahre als Universitätslehrer meinen Weg kreuzten. Ich bin sicherlich mit dem Alter nicht brillanter geworden. Allerdings trifft es sich, dass ich niemals ein besonderer Bewunderer von Brillanz gewesen bin. Ich habe immer nach völlig andern Eigenschaften Ausschau gehalten, und ich habe sie oft in Menschen angetroffen, die nicht auffallend gescheit waren. ∎

Aus: **»Feuer des Heraklit«**

ERWIN CHARGAFF: Ja, das ist ein erstaunlicher Ausspruch.

DORIS WEBER: Und dann schreiben Sie weiter: »Ich kann mir nichts Schamloseres vorstellen als den Versuch, die Existenz Gottes mit Hilfe der Physik oder der Biologie zu beweisen oder zu widerlegen. Der Glaube an Gott kann durch die Naturforschung ebenso wenig vernichtet werden wie der Glaube an die Naturforschung durch den Gottesglauben. Diese beiden Feldzüge finden auf verschiedenen Ebenen statt.« Sie verlangen Ehrfurcht und respektvolles Innehalten vor den Wundern der Natur. An anderer Stelle sprechen Sie von dem »Recht auf Nichtwissen«.

ERWIN CHARGAFF: Es geht hier um völlig verschiedene Kategorien. Die Naturwissenschaft hatte in frühen Zeiten den Effekt gehabt, den Glauben an Gott zu verstärken. Denn die Physiker der Renaissance und Newton und andere wurden durch ihre Forschung ja am Glauben nicht gehindert, im Gegenteil, Newton hat den Hauptteil seiner Zeit mit einem Kommentar über den Propheten Daniel zugebracht. Also es gibt auch einige sehr fromme Naturforscher. Heute sind die Naturwissenschaften besonders in den westlichen Ländern eine Art Religionsersatz geworden. Die heutigen Naturwissenschaftler glauben, dass sie durch das, was sie finden, jede Art von Metaphysik oder überirdischem Glauben ausschließen können, was ich für einen Unsinn halte. Ich hätte, wäre ich ein bekennender Katholik gewesen, genau dieselben Sachen machen können, die ich getan habe. Es ist kein Unterschied, außer, dass ich am Sonntag in die Kirche hätte gehen müssen. Aber es gibt nicht den geringsten Grund, am Glauben zu zweifeln, im Gegenteil. Das Betrachten der Natur könnte ja den Glauben an Gott nur verstärken, die Bewunderung dessen, was er getan hat.

*D**as süffisante Lächeln der Wissenden macht überhaupt keinen Eindruck auf mich. Bei der Eröffnung der Kernkraftwerke von Czernobyl hat man sicher auch so gelächelt.* ∎

Aus: »**Ein zweites Leben**«

DORIS WEBER: Und was bedeutet dieser Satz: »Der Mensch hat ein Recht auf Nichtwissen«?

ERWIN CHARGAFF: Sehr viel. Das, was er sagt. Ich erinnere mich noch an ein Philosophie-Seminar in der Columbia Universität. Da haben sie geschwätzt über irgendetwas, und dann habe ich vorgebracht, dass ich zu den Menschenrechten auch zählen würde: das Recht des Nichtwissens. Wissen ist keine Verpflichtung. Unsere Verpflichtung ist vielleicht, weise zu sein, aber nicht, gebildet zu sein. Zu wissen, wie man irgendwas macht. Oder Auto fahren zu können. Und ich glaube, dass in Amerika dieses Recht fortwährend verletzt wird. Ich glaube nicht, dass das Wissen im Sinne von Bildung oder Information etwas absolut Gutes ist. Wenn Sie nach New York fliegen wollen, wollen

Sie informiert sein, wann das Flugzeug ankommt, gegen diese Art von Wissen habe ich nichts einzuwenden. Zu wissen, wie Befruchtung stattfindet oder warum das Wasser heiß wird, wenn man es erhitzt, ist ganz schön, aber es ist nicht wichtig.

DORIS WEBER: Weisheit ist die Alternative dazu?

ERWIN CHARGAFF: Na ja, die Weisheit ist schon wieder einer der verloren gegangenen Werte. Man wird doch eher zum Gespött, wenn man als Weiser bezeichnet wird.

DORIS WEBER: Es ist Weisheit, nicht alles wissen zu wollen. Das ist sehr unmodern in der heutigen psychotherapeutischen Gesellschaft, in der die totale Offenheit propagiert wird. Man spricht ohne Tabu. Paare müssen über alles offen reden, Eltern wollen alles über und von ihren Kindern wissen. Kritiker dieser geheimnislosen Gesprächskultur nennen das den »Terror der Offenheit«.

ERWIN CHARGAFF: Das ist die widrigste Art von Wissen. Ich meine, sogar Bildung ist keine Bürgerpflicht. Man muss auch nicht wissen, wer Goethe war, man darf es wissen.

DORIS WEBER: Weise ist es, manchen Dingen ihr Geheimnis zu lassen?

ERWIN CHARGAFF: Ja. Sicher. Und Weisheit ist etwas, was uns so fern liegt momentan. Schauen Sie, Tolstoi war in seinem Alter ein Weiser. Er hat sehr erstaunliche Sachen publiziert. Zum Beispiel ein Büchlein, ich hab's auf Russisch gelesen, es heißt: »Was ist Kunst?« In diesem Buch gibt er seine schlechte Meinung von Shakespeare kund und seine Bewunderung für Volkserzählungen und Märchen, für alles, was aus dem Volk

Man füttert uns mit Schalen, wo die Früchte sind, weiß niemand. Der nicht leicht verständliche Begriff des Wissens – denn wer weiß schon, was er wissen soll? – ist durch das Afterideal der Information ersetzt worden. Wenn die Leute, die glauben, sich freigedacht zu haben, mir versichern, dass wissen freimacht, kann ich nur erwidern, dass Information blöd macht. ∎

Aus: »**Scheidewege**«

kommt. Auf mich hat es einen tiefen Eindruck gemacht zu sehen, welche Menschen für ihn weise waren. Denn ich kann mir schon vorstellen, dass ein Weiser, ein Chinese, zum Beispiel der Laotse, gar nicht hören wollte, was jetzt gespielt wird in Peking. dass seine Weisheit im Nichtwissen bestanden hat.

DORIS WEBER: Und so komme ich zu Ihrer Trauer zurück. Sie haben geschrieben:»Ich habe nicht das Recht, vom Glauben zu sprechen, kann aber sagen, dass ich zeit meines Lebens von einer tragischen Vision des menschlichen Schicksals erfüllt worden bin. Für mich war Deus immer absconditus, jener verborgene Gott, der in Pascals ›Pensées‹ so häufig vorkommt. Was mich betrifft, so weiß ich nicht recht, wie ich es zum Ausdruck bringen kann, dass mein ganzes Leben von einer tiefen Trauer umschattet gewesen ist, die, wie ich früh erkannte, vom Denken und Forschen vielleicht gelindert, aber niemals aufgehoben werden konnte.«

ERWIN CHARGAFF: Ja, das ist wahr, aber das ist schon wieder eine Sache, worüber ich nicht gut reden kann, wissen Sie. Vielleicht ist es eine Art Geisteskrankheit, ich meine, vielleicht eine krankhafte Melancholie oder so. Wissen Sie nicht, dass witzige Menschen sehr häufig zugleich sehr melancholisch sind?

»Heutzutage glauben Menschen nicht an Gott, sondern an den Glauben an Gott«

DORIS WEBER: Ist es Trauer um den Zustand der Menschen, Trauer um seine Verlorenheit?

ERWIN CHARGAFF: Ein bisschen Trauer um unsere Verlorenheit. Dass wir es nicht weitergebracht haben. Ich meine nicht, mit Verkehrsmitteln oder Hochhäusern. Wir sind ja wirklich alle in der Entwicklung stecken geblieben, sehr früh.

DORIS WEBER: »Die Zeit hat Blut auf ihren Klauen. Das Wunder des Lebens ist eine Ware geworden, mit der die Mörder und die

Forscher schachern«, das ist ein Satz von Ihnen, für mich ist er Ausdruck tiefster Trauer.

ERWIN CHARGAFF: Ja. Ich stehe zu ihm.

DORIS WEBER: Sie trauern auch darüber, dass es Ihnen versagt geblieben ist – ich zitiere Sie –, »im Hässlichen die Schönheit zu sehen, im Bösen die Güte, im Falschen die Wahrheit, im Verdammten die Gnade. So weit müsste man kommen, wenn man alt wird.« Muss man wirklich so weit kommen?

»Dass Gott tot ist, wird gerne von denen ausgestreut, die sein Erbe anzutreten hoffen«

ERWIN CHARGAFF: Das ist die Abgeklärtheit, ich beschreibe die Abgeklärtheit des Alters, das wäre auch eine Weisheit, das sind ja lauter gute Sachen. Im Verdammten die Gnade, im Hässlichen die Schönheit. Es ist einfach die Abgeklärtheit, es wäre die wahre Weltweisheit. Im Bösen die Güte. Das ist die Bergpredigt, wenn Sie wollen. Das ist die Bergpredigt von Jesus. Die Gnade, die Erlösung. Offen ist nur, ob ich dazu hätte kommen können. Ich hab' gesagt, es ist mir nicht gelungen. Ich bin nicht abgeklärt.

DORIS WEBER: Sie sind enttäuscht von den Menschen, sagen Sie manchmal, Sie wurden rausgeschmissen an der Universität. Das Wort »rausgeschmissen« stammt aus ihrer Feder.

ERWIN CHARGAFF: Das war schon nachher. Ich bin in der Columbia Universität zurückgetreten. Wir haben damals noch eine Rücktrittszeit gehabt. Jetzt gibt's die ja nicht mehr. Aber damals hat es eine Pensionszeit gegeben mit 68. Ich bin mit 69 zurückgetreten. 1975 habe ich quittiert und habe im Roosevelt-Hospital, das zur Columbia Universität gehörte, ein Büro bekommen. Und da bin ich schließlich hinausgeschmissen worden.

DORIS WEBER: Das schreiben Sie in Ihrem Buch »Das Feuer des Heraklit«: »Am 20. November 1975 kamen die Packer. Manche Sachen mussten zuerst zurückbleiben, denn sie erforderten

Was ist Erfolg in der Naturwissenschaft? Preise, Titel und andere Ehrungen, Geld in Haufen? Manche würden sagen, Ruhm und ein bleibender Name. Aber wie lange bleibt »bleibend«? Die Winde der Mode, diese unergründlichen Winde, blasen Staub auch auf die glitzerndsten Errungenschaften. ∎

Aus: **»Das Feuer des Heraklit«**

spezielle Aufmerksamkeit. Besonders ein Schrank voll mit meinen eigenen alten Präparaten. Als wir zurückkehrten, konnten wir nicht mehr in unsere Laboratorien. Irgendwer, so sagte man uns, hatte den Auftrag gegeben, alle Schlösser zu ersetzen. Die empfindsame Reise durch mein Leben schien zu Ende zu gehen.« So weit Ihr Zitat. Es muss sehr bitter für Sie gewesen sein?

ERWIN CHARGAFF: Ich war sehr bitter, weil ich mich trennen musste von allen meinen Papieren, also alle meine Sonderdrucke. Das musste alles hinaus, ich hab keinen Platz hier, ich hab ein großes Office gehabt. Die Bücher habe ich der Wiener Nationalbibliothek geschickt auf deren Kosten. Ich habe einen Vertrag, wenn ich sterbe, wird die Wiener Nationalbibliothek alle meine Bücher bekommen. Ich habe Bücher gern, ich möchte nicht, dass sie auf den Misthaufen kommen. In New York ist es furchtbar.

DORIS WEBER: Wenn man seinen Platz auf diese Weise räumen muss, in einer Universität, wo Sie wirklich ein renommierter Naturwissenschaftler waren, von Ihren Studenten verehrt, und dann werden die Schlösser ausgetauscht, und man kann gehen ...?

ERWIN CHARGAFF: Das ist sehr bitter, ich bin sehr böse. Ich habe auch keinen Fuß mehr dort hineingesetzt. Ich gehe zu keiner Einladung, ich bin böse auf die Leute. Die haben mich schon vergessen, die kümmern sich darum nicht. Nein, das war eine Schande. Das war eine wahre Schande. Sie haben keinen Grund gehabt, ich stand immer in einem guten Verhältnis zu ihnen; ich meine, es ist nichts vorgefallen. Reine Blödheit, gedankenlose Blödheit.

DORIS WEBER: Das beschreibt den Zustand sehr genau. Denn nach diesem Rausschmiss, wie Sie ihn selber nennen, schrieben sie: »Und da in Columbia die linke Hand niemals weiß, was die andere tut, war es ganz selbstverständlich, dass dieselbe Universität weniger als sechs Monate, nachdem sie an der Medizinschule meine Türschlösser vorsichtshalber ausgewechselt hatten, mir ein Ehrendoktorat verlieh.«

ERWIN CHARGAFF: Ja. Und eine Medaille. Der Rektor flüsterte mir ins Ohr, dass sie aus reinem Gold bestünde.

DORIS WEBER: Sie sagen, Sie gehen nirgendwo hin, Sie haben keine Kontakte. Sie schreiben sehr poetisch »über das Schaudern in der Nacht«, wie es still wird im Haus, die Träume werden blass, blutlos, unemphatisch, und man erinnert sich nur noch an Tote.

ERWIN CHARGAFF: Alles sehr melancholisch, sehr wahr.

DORIS WEBER: »Ein leises Pochen an den Eispanzer des Gewesenseins, ein stimmloses Zeichen ...« Fühlen Sie sich wie ein Verlassener?

ERWIN CHARGAFF: Nein, gar nicht. Ich meine, mir ist nichts passiert. Ich habe die Welt nie für ihre Dankbarkeit verehrt. Sie war nicht dankbar, sie ist nicht dankbar, aber mir ist ja nichts passiert, ich lebe ja, mit Freuden kann ich nicht sagen, aber ich lebe so, wie man leben kann. Dass meine Frau tot ist, war nicht die Schuld von Amerika oder der Universität. Sie ist halt gestorben. Eher könnte ich vielleicht sagen, dass ich es bedaure, dass meine

Ich bin dankbar dafür, dass das Schicksal mich vor dieser Art von Blindheit bewahrt hat. Umgeben von einem Übermaß gelöster Rätsel bin ich noch immer davon betroffen, wie wenig wir verstehen. Ich möchte nicht so weit gehen zu behaupten, dass Wissen und Weisheit einander ausschließen; aber sie sind keineswegs kommunizierende Gefäße, und der Stand des einen ist ohne Einfluss auf den des anderen. Mehr Leute haben Weisheit gewonnen aus dem Nichtwissen, welches nicht dasselbe ist wie Unwissenheit, als aus Wissen.

■ Aus: **»Das Feuer des Heraklit«**

Bücher in Deutschland nicht genügend anerkannt werden, dass ich in keinem Schriftsteller-Lexikon drin bin. Wissen Sie, weil die Leute so blöd sind, sie denken, ein Naturforscher kann nicht auch ein Schriftsteller sein. Dabei war ich 25 Jahre Schriftsteller.

DORIS WEBER: In Ihrem zweiten Leben?

ERWIN CHARGAFF: Ja, in meinem zweiten, glücklichen Leben.

Mir scheint, dass der Mensch nicht ohne Geheimnisse leben kann. Man könnte sagen, die großen Biologen arbeiteten geradezu im Lichte der Dunkelheit. Wir sind dieser fruchtbaren Nacht beraubt worden. Schon gibt es keinen Mond mehr; nie wieder wird er Busch und Tal still mit Nebelglanz füllen! Was wird als nächstes gehen? Ich fürchte, ich werde missverstanden werden, wenn ich sage, dass durch jede dieser wissenschaftlich-technologischen Großtaten die Berührungspunkte zwischen Menschheit und Wirklichkeit unwiederbringlich verringert werden. ... Was ist der Erfolg in der Naturwissenschaft? Beleuchtete Dunkelheit ist nicht Licht. Wir weilen in der Höhle der unbeschränkten Möglichkeiten. Wenn sie eine Taschenlaterne mit sich nehmen, wird es sich möglicherweise zeigen, dass Sie sich nur in einer Rumpelkammer befinden. Wenn ich weiß, was ich finden soll, will ich es nicht einmal finden. Ungewissheit ist das Salz des Lebens. ∎

Aus: **»Das Feuer des Heraklit«**

5

Der Zornige

**»Die Bioethik segnet die Waffen
der Gentechniker«**

Jetzt also haben die Naturwissenschaften angefangen, sich die Waffen, die sie gegen die Natur einzusetzen vorhaben, gegen ein geringes Entgelt einsegnen zu lassen. Besonders die Genetik und die Medizin haben ein solches Pauschalpardon sehr nötig. Wie könnten sie sonst ruhig schlafen, wenn sie gerade damit fertig geworden sind, sagen wir, menschliche Gene in Tomaten oder Kartoffeln zu verpflanzen oder den Leichnam eines soeben verschiedenen Kindes zu zerlegen, um seine Organe nutzbringend zu verwenden?

Könnte nicht jemand ihnen vorhalten, dass manche ihrer Tätigkeiten einer Gewöhnung der Menschen an den Kannibalismus gleichkämen? Aber nur Geduld: auch die Menschenfresserei wird bald ihre Ethikspezialisten haben. Und jetzt, da man (...) Lebewesen patentieren darf, kann es nur eine Frage der Zeit sein, bis man patentierte Menschen züchten wird, und dann wird es auch dafür Bioethiker geben und darauf spezialisierte Patentanwälte und schließlich vielleicht auch Gourmetköche. ■

Aus: **»Ein zweites Leben«**

N ur Gott kann zum einzelnen Ton sagen: »Du bist Dur, du bist Moll. Und wo Gott den Ton angibt, dort«, so schreibt Erwin Chargaff in seinen Bemerkungen, gibt Gott auch den Zorn, und wem er den Zorn gibt, dem gibt er auch die Liebe. Erwin Chargaff lebt mit seinen lyrischen Wörtern »aus dem Herz in den Mund«, verachten kann er die Menschen nicht, wer ihm vorwirft, dass er eine finstere, pessimistische Anschauung der Welt verbreite, hat Unrecht. Erwin Chargaff spricht von seiner Welt, die er keinem anderen überstülpen will. »Ein jeder hat seine Welt«, sagt er, »die Verschiedenheiten machen das Wunder, die Größe der Menschenwelt aus, denn in ihnen«, so formuliert er poetisch, »vibrieren Millionen von Fäden, die unsere Welt mit dem verknüpfen, wovon man nicht reden darf. Aber genauso, wie ich keines anderen Menschen Schlaf schlafen kann, kann ich auch eines anderen Tag nicht durchleben.« Wer so schreibt, ist kein kalter Zyniker und Menschenverächter, aber ein kluger Beobachter, über den sich, so klagt er, stumme Trauer senkt, wenn er in die geistlosen Gesichter seiner Umgebung blickt, die höchstens noch zum Genuss einer Fernsehserie fähig ist.

DORIS WEBER: Bei dem Wort Bioethik rümpfen Sie die Nase?

ERWIN CHARGAFF: Ja, was ich gemeint habe mit meinem ziemlich höhnischen Aufsatz über Bioethik und andere Missetaten ist, dass man, wenn man vor dem Wort Ethik ein Präfix, eine Vorsilbe, anhängt, eine Beschränkung vornimmt. Ethik ist allumfassend die Lehre von der Moral, und ich würde sagen, dass man innerhalb einer Gesellschaft sagen kann: es gibt nur eine Moral. Ich kann mir vorstellen, dass eine muslimische Gesellschaft etwas andere Ideen von Moral hat als eine christliche usw. Aber sie werden gar nicht allzu sehr verschieden sein voneinander. Und so habe ich mir das näher angeschaut und bin zu dem Schluss gekommen, dass Bioethik eigentlich gedacht ist als eine Alibifunktion in dem Sinne, dass sie jenen, der sie befragt, freispricht von seiner Verantwortung. In diesem Sinne habe ich darauf hingewiesen, dass, wenn man Bioethik konstruiert, man ja auch sagen könnte: Pornoethik. Das wäre eine Moral für Prostituierte, oder Kleptoethik, das wäre eine Moral für Taschendiebe. Auf diese Weise kann man sich auf das Bequemste alles erlauben, indem man den philosophischen Begriff wie eine Salami in kleine Schnitten zerlegt. Ich vergleiche die Funktion der Bioethik mit dem Klerus in Kriegszeiten, der die Waffen seines eigenes Landes gesegnet hat. Sie haben zwar alle denselben Gott angerufen, im Ersten Weltkrieg zum Beispiel, da hatten Österreich und Italien denselben Gott. Aber sie sandten ihm ganz verschiedene Gebete durch ihre Priester. Das war etwas, was mir verdächtig vorgekommen ist. Und das ist auch die wahre Funktion der Ethikkommissionen. Es gibt Kommissionen für Ethik und Bioethik, die von der Regierung eingesetzt sind und das schlechte Gewissen der Leute vertreiben sollen, die sie brauchen. Und noch mehr, sie sollen sie schützen vor Schadensersatzprozessen. Denn, wenn es dazu kommt, dass ein Präparat, zum Beispiel von der Firma Monsanto, Sojabohnen oder Mais, irgendwelchen Schaden anrichtet auf dem Feld, dann kann man, wenn der Besitzer des Feldes klagen sollte, sagen: die bioethische Kommission hat es gutgeheißen. Das ist dann wie ein Alibi, das ist die wahre Funktion. Aber ein Bioethiker kann mir nichts sagen, was ich nicht ohnehin schon weiß. Ob etwas anständig ist oder nicht. Wenn ich mir die Mühe mache und ehrlich zu mir selber bin, finde ich es schon heraus. Das Ganze ist eine Methode, ein Trick, seiner eigenen Verantwortung zu entgehen, indem man eine Instanz einsetzt, die die segnende Hand über seinem Scheitel hat.

> **»Eine Mode geht um die Welt, die Mode der Bioethik. Alle Mächte dieser Welt haben sich zu einer heiligen Heuchelei mit dieser Mode verbündet«**
>
> Aus: »Scheidewege«

DORIS WEBER: In einem Ihrer Bücher fragen Sie: was ist Wahrheit? Darf ich diese Frage an Sie weiterreichen?

ERWIN CHARGAFF: Wenn ich wüsste, was Wahrheit ist. Es ist ganz einfach, Leute werden sagen, Wahrheit ist, was wahr ist, was ein Faktum ist. Das ist aber nicht die Wahrheit, die ich meine. Was ist das Gegenteil von Wahrheit? Ist es Lüge? Ist es Unwahrheit? Und ich muss sagen, es hilft mir nicht. Genauso, wie ich nicht weiß, was Ehre ist, weiß ich auch nicht, was Wahrheit ist. Und es gibt noch einige andere Wörter, die ich kaum ermessen kann.

DORIS WEBER: Vielleicht ist Wahrheit immer nur das, was wir gerade dafür halten, etwas Vorübergehendes, was nur in der

Rückschau zu überprüfen ist. Sie schreiben: wir leben unter dem Paradigma der Genetik, auch das wird aufhören. Ich werde es nicht erleben, aber es wird aufhören. Warum sind Sie so sicher, dass es aufhören wird?

ERWIN CHARGAFF: Wenn ich das Wort Paradigma verwende, denke ich an die bekannte Philosophie von Thomas Kuhn, der eine sehr gescheite Wissenschaftsphilosophie entwickelt hat, in der er zu zeigen versucht hat, dass alle Zeiten ihre eigenen Moden haben. Er hat sie Paradigmen genannt, Moden, denen einfach nicht widersprochen werden kann. So, wie jeder Mensch kurze Röcke tragen muss, Miniröcke, oder lange Röcke zu einer Zeit, und zu einer anderen Zeit wirft er sie hinaus. Genauso ist es mit unseren wissenschaftlichen Wahrheiten. Sie unterliegen einem Paradigma, welches, ohne unser Zutun und durch den Wind der Wüste getrieben, sich plötzlich verändern kann in ein anderes Paradigma. Ich könnte mir sehr gut vorstellen, dass eine Zeit kommen wird, in der der Begriff eines Gens vollkommen unverständlich sein wird, wenn eine völlig andere Art von Evolutionslehre, nicht mehr Genetik, existiert. Dann wird man sagen: es war ein Aberglaube. Ein Paradigma ist in einem Wort ein allgemein gehaltener Aberglaube.

»Die Eintagsfliege: ein ganzes langes Leben ohne Nacht«

DORIS WEBER: Der aber, solange man an ihn glaubt, für Wahrheit gehalten wird?

ERWIN CHARGAFF: Ja, und es dauert gewöhnlich einige Jahrhunderte, bis ein neues Paradigma eintritt, ich habe nicht gemeint, dass das morgen schon der Fall sein wird. Aber ich kann mir gut vorstellen, dass dann ganz andere Anschauungen herrschen, die eine ganz neue Wissenschaft erfordern, die wir heute noch gar nicht ermessen, gar nicht definieren können.

DORIS WEBER: Und das kann sich dann irgendwann wieder als so eine blöde Mode herausstellen?

ERWIN CHARGAFF: Sie dürfen nicht blöd sagen. Wenn die Mehrheit glaubt, die Gentechnik sei schlau, dann ist die Gentechnik schlau. Ich gehöre zu der Minderheit, und ich würde auch nicht sagen, die Gentechnik ist blöd. Sie ist übertrieben, sie liefert nicht, was sie behauptet, aber einiges ist an ihr auch wahr. Denn ich lebe ja in demselben Paradigma. Es ist gar nicht zu erwarten, dass jemand sehen könnte, was daran falsch ist, denn das ist ja das Wesen der allbeherrschenden Mode, dass niemand auch nur wagt, einen Gegensatz zu denken. Ich spreche über die Auswüchse der Gentechnik. Ich bin der Besitzer der Mendel-Medaille, wie könnte ich sagen, dass der Mendel Unrecht hatte, dass es keine Genetik gibt. Ich kann mir aber eine Zeit vorstellen, in der man sagt: der Genbegriff ist stark übertrieben worden. Es gibt was anderes, welches xy heißt, das ist wirklich das Wichtigste, und das Gen ist eine Nebensache.

DORIS WEBER: Die Gentechnik ist nicht des Teufels, sondern die Anwendung?

ERWIN CHARGAFF: Doch, die Gentechnik will ja nur Böses, sie will ja eigentlich eingreifen in den Zustand, den sie für genetisch instabil hält. Sie will ja was anderes machen. Die Gentherapie wäre nicht teuflisch, wenn die Wissenschaftler wüssten, wie sie es zu tun haben. Aber ich glaube, da haben sie keine Ahnung. Stellen Sie sich eine Kette von einer Million Bestandteilen vor, sagen wir, eine Million Wörter in einem Buch, und jetzt wollen Sie auf der zweiten Zeile von Seite 712 einen Buchstaben verändern? Wie tun Sie das? Ich halte es für sehr schwer und nicht genügend durchdacht, die Leute denken nicht, sie werfen es hinein.

DORIS WEBER: Was ist in Ihren Augen das Böse an der Gentechnik?

ERWIN CHARGAFF: Dass sie ihre Absichten verschleiert. Sie arbeitet unter dem Vorwand, der leidenden Menschheit zu helfen. Ich glaube, die Ärzte haben ihre Legitimation verloren. Sie können nicht sagen, dass sie den Kranken helfen wollen. Man will vielleicht der Pharma-Industrie helfen, weil der Arzt nur das tut, was die Pharma-Industrie ihm einbläst. Es könnte nebenbei auch dem Patienten helfen, das weiß man nicht. Die Frage ist: wer steht im Mittelpunkt? Der Mensch oder andere fragwürdige Interessen. Die Motive zählen, ob man etwas aus Gewinnsucht oder aus Güte tut.

DORIS WEBER: Gegen die Hybris der Naturwissenschaft betonen Sie immer wieder: die Wunder sind so groß wie am ersten Tag. Das erste Augenaufschlagen eines Kindes und das Dahinwelken eines Greises. Haben wir diese wirklichen Wunder, die Schönheit des Leben, aus dem Auge verloren?

ERWIN CHARGAFF: Ja, das haben wir unbedingt. Ich weiß nicht, ob die Wissenschaften daran mehr schuld sind als dieser krasse Materialismus. Wir sind blind. Die Museen sind zwar überlaufen, aber ich glaube, die Menschen verstehen gar nicht die Wunder eines Gemäldes eines Monet oder Cezanne. Sie stehen davor mit aufgerissenem Maul und sagen: dieses Bild hat 20 Millionen Dollar gekostet. So ist es auch in unserem Leben. Ich finde das Aufwachsen eines Kindes ein derartiges Wunder, dass ich tagelang mit der stillen Beobachtung eines Kindes verbringen könnte und nicht gelangweilt wäre. Ich beneide die Leute, die die Linguistik des Kindes studiert haben. Wie ein Kind eine Sprache erlernt, das ist ja derartig unglaublich, dass ich immer wieder in Bewunderung erstarre.

DORIS WEBER: Die Natur verbirgt uns nichts, sagen Sie. Sie blüht, sie welkt, sie kommt wieder. Es ist nicht nötig, dass Gentechniker einen Schlüssel suchen müssen, um hinter vermeintlich verschlossenen Türen neue Geheimnisse zu suchen?

ERWIN CHARGAFF: Wahrhaftig nicht. Die Geheimnisse, die sie glauben zu finden, sind keine Geheimnisse. Ein Bewunderer der Natur kann überhaupt kein Naturforscher werden. Die Naturforschung ist heute wie die Nato, die sich gegen ein Land wendet, gegen die Natur. Sie bombardiert und reißt raus und trägt eine Trophäe weg, publiziert sie mit Bildern und kriegt den Nobelpreis. Die Naturforscher-Meinungen sind wie die Aktien auf dem Markt: manche werden hoch notiert, manche gehen runter, manche verlieren alles. Mal ist es Lamarck, mal ist es Darwin. Man soll nicht zu viel Ehrfurcht haben. Man soll die Naturwissenschaft mit Respekt betrachten, als eine geistige Leistung der Menschheit. Aber dessen Eingedenk, dass sie auch Unrecht haben kann.

> »Viele berühmte Wissenschaftler gleichen Springbrunnen: ihr Strahl geht hoch, aber es ist immer dasselbe Wasser«

DORIS WEBER: Von der Generation der Naturforscher der letzten 150 Jahre behaupten Sie, dass es ihr gelungen sei, die Welt schlechter zu machen, als sie je zuvor gewesen ist.

ERWIN CHARGAFF: Ich habe meine Meinung nicht geändert. Ich glaube, dass der Laie geradezu verpflichtet ist, nicht alles zu glauben, was die Wissenschaft sagt. Er darf seinen Standpunkt der Unwissenheit vertreten, auch wenn ihm angeraten wird, dass er als Unwissender zu schweigen habe. Vieles von dem, was er heute erfährt, wird morgen zurückgenommen, angeblich verbessert oder verändert. Große Erkenntnisse sterben wie Eintagsfliegen.

DORIS WEBER: Sie beklagen »die Auflösung des Menschenbildes«?

ERWIN CHARGAFF: Ich meine damit, dass wir uns nur noch wenig um das Schicksal der Erde und ihrer unzähligen nichtmenschlichen Bewohner kümmern. Ich stelle mir vor, dass in früheren Zeiten der Mensch einen gewissen Respekt vor seinem Nebenmenschen gehabt hat und eine gewisse Vorstellung über den Sinn seiner Existenz. Wenn er gläubig war, war er ein Geschöpf Gottes. Und das löst sich völlig auf. Solange man geglaubt hat, dass die Natur eine Schöpfung Gottes war und dass ein Mensch

Teil der Schöpfung war, hatte er Ehrfurcht vor der Natur. Er gehörte ja dazu, war mittendrin. Heute hat sich der Mensch von der Schöpfung distanziert, er hat sich überheblich außerhalb der Natur gestellt. Die Natur ist für ihn eine Mischung aus Unkraut und Profitmöglichkeiten.

DORIS WEBER: Glauben Sie, dass die gegenwärtige Menschheit in der Lage ist, etwas Wesentliches gegen die katastrophale Verheerung der Erde zu unternehmen?

ERWIN CHARGAFF: Zunächst einmal muss ich eine große Enttäuschung anmelden. Zu glauben, ein kommunistisches System, das nicht von Kapitalinteressen geleitet wird, würde sorgfältiger mit der Natur umgehen, hat sich als Irrtum herausgestellt. Im Gegenteil, sie haben die Umwelt noch mehr versaut. Die marxistische Lehre hat keine Heilung gebracht. Ich glaube, die gentechnischen Experimente sind eine große Gefahr. Wir haben zwar Verträge mit anderen Nationen über Landminenentfernung. Aber es könnte sich herausstellen, dass die kleinen, gentechnisch hergestellten Körnchen großer Chemiekonzerne mindestens genauso gefährliche Explosionskörper sind wie die Landminen.

> »Eine Welt, die vergessen hat, wie man um Hilfe ruft, kann nicht gerettet werden. Lasst den Ertrinkenden aufschreien und tausend Hände werden zu Engelshänden«

DORIS WEBER: Die Welt ist verloren gegangen, das ist auch ein Satz von Ihnen. Gibt es ein Datum für Sie, wann die Welt verloren gegangen ist?

ERWIN CHARGAFF: Mir persönlich ist die Welt noch nicht verloren gegangen. Ich bin noch ein Bewunderer der Welt, nicht so sehr ihrer Bewohner. Aber die Welt ist der biologischen Wissenschaft verloren gegangen, in den sechziger Jahren dieses Jahrhunderts. Ich glaube, dass mit dem Herummurksen mit DNS und DNA etwas angefangen hat, was nicht vorgesehen war im Weltenplan.

DORIS WEBER: Und verloren gegangen ist uns der Schaum vor dem Mund und der Zorn, haben Sie geschrieben.

ERWIN CHARGAFF: Nicht mir. Ich bin noch sehr zornig. Jeden Morgen danke ich Gott dafür, dass ich den Zorn noch nicht verloren habe.

DORIS WEBER: Was ist mit denen, die den Zorn verloren haben. Lassen die alles mit sich geschehen?

ERWIN CHARGAFF: Das tun wir ja alle. Auch ich bocke ja nur mit der Schrift. Was kann ich schon tun? Wir sind sicherlich Opfer, unsere Gesellschaft ist leider sehr irregeführt worden.

DORIS WEBER: Sie sind 1905 geboren. Sie haben fast das ganze Jahrhundert erlebt und kommen zu dem Schluss: wer genug Zeit hatte, genau hinzuschauen, der konnte sehen, dass es immer finsterer wurde.

ERWIN CHARGAFF: Ich bin insofern ein Zeitzeuge, dass ich es irgendwie gedanklich zu verdauen versucht habe. Ich habe es nicht stumm ertragen. Ich habe laut protestiert. Dass es immer ärger wird, das ist mein fester Glaube. Allerdings haben mir andere gesagt: das ist immer so gewesen, die alten Leute haben immer gesagt, es war schöner vorher. Ich bin der Überzeugung, dass es in meiner Jugend mehr Anständigkeit gegeben hat, mehr Ehrlichkeit vor sich selbst. Nicht sehr viel mehr, aber mehr.

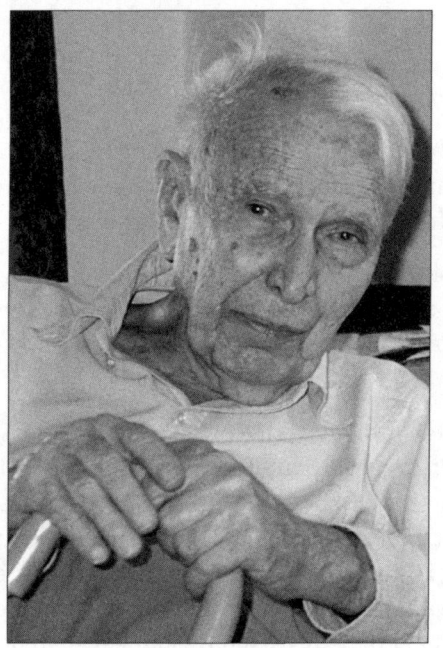

6
Der Sucher

»Jetzt sind sie dabei, die Natur zu verzetteln und zu nummerieren«

Seit den sechziger Jahren des vorigen Jahrhunderts macht sich eine steigende Arroganz der Naturwissenschaftler fühlbar: sie sind die einzigen Hüter der Wahrheit; was sie nicht wissen, ist nicht wahr; nur sie sind befähigt, die Vorgänge der Natur zu erklären; und wenn man den Menschen etwas erklärt, so ist es ihnen klar. Sie sind die Todfeinde des Unerklärlichen und werden dieses bald als nichtexistent bezeichnen. Die Verkümmerung, die Abtötung jeglichen religiösen Gefühls nehmen sie gerne in Kauf, denn an die Stelle der Religionen haben sie die Wahrheit über die Natur gesetzt. Dass diese sich alle dreißig Jahre ändert, wird als Fortschritt gebucht dass diese Art von Erklärungswissenschaft eine unheilvolle Verarmung der Menschenseele zur Folge gehabt hat, lag vielleicht nicht im ursprünglichen Wesen der Naturwissenschaften, die es Hunderte von Jahren vermieden hatten, den Teil mit dem Ganzen zu verwechseln. Im Reiche des Lebens besitzt nur die Krebszelle ein Unfehlbarkeitsdogma, und daran stirbt sie ... ■ Aus: **»Kritik der Zukunft«**

E in wirklich großer Mann in wirklich kleinen Verhältnissen ist eine komische Figur, so lautet eine seiner schriftlichen Bemerkungen, seiner geliebten Aphorismen. Erwin Chargaff ist so eine komische Figur, ein wirklich großer Mann in kleinen Verhältnissen. Auch in jenen Zeiten, als er als ein berühmter Wissenschaftler an der Columbia Universität weltweit geachtet wurde, war es ihm nicht wichtig, eine Rolle auf der Bühne des Lebens zu spielen. Der Wissenschaftler, dem der Gegenstand seines eigenen Forscherdrangs, die Natur, immer heilig blieb, hatte seine eigene Relativitätstheorie, die ihn immer wieder zurück in die Bescheidenheit holte.

DORIS WEBER: In Ihrem Buch »Über das Leben« gibt es ein Kapitel mit der Überschrift: »Was ist Natur?« Ich möchte Ihnen diese Frage stellen: Was ist Natur?

ERWIN CHARGAFF: Für mich ist die Natur das Universum minus den Menschen. Wenn man den Menschen abzieht von allem, was uns umgibt, ist das Natur. Ein Sternenbild ist genauso ein Teil der Natur wie eine Mücke. Aber der Mensch hat sich ausgeschlossen. Es gab eine Zeit, wo auch der Mensch Teil der Natur war. Aber dann kam der große Schritt im vorigen Jahrhundert, als der Mensch »L'homme machine« wurde, der Mensch als Maschine. Maschinen sind nicht Natur. Maschinen sind für eine gewisse Zeit hergestellte Apparate. Aber kein Mensch würde meine Definition annehmen: das Universum minus Mensch ist Natur.

DORIS WEBER: Das mechanistische Weltbild haben Sie ironisch charakterisiert: jetzt sind die Gentechniker dabei, Natur zu nummerieren, Natur zu verzetteln.

ERWIN CHARGAFF: Ja, das tun sie. Aber man muss ein bisschen vorsichtig sein. Der große Linné hat ja die Pflanzenwelt nummeriert, so, wie der Herr Köchel die Mozartwerke nummeriert hat, und man ist ihm ja dankbar dafür, er hat ein bisschen Ordnung gemacht für besseres Verständnis. Da wir im Maschinenzeitalter leben und uns selbst immer wieder davon überzeugen müssen, dass wir nicht ausschließlich Maschinen sind, haben wir die Tendenz, die ganze Welt als ein Konglomerat verschiedener Maschinen zu betrachten, die Teilchen zu nummerieren und zu sagen, was wozu ist. Diese ganze erklärende Seite der Naturwissenschaften ist eine große Gefahr. Ich habe immer unterschieden zwischen den beschreibenden und den erklärenden Naturwissenschaften. Die beschreibenden Naturwissenschaftler, zu denen ich mich zähle, haben an Beliebtheit verloren. Vielmehr setzt sich die erklärende oder sogar ausbessernde Naturwissenschaft durch. Beschreibend ist, was seit den Griechen und Römern die Naturforscher getan haben. Auch Galileo und Kepler haben die Himmelskonstellationen beschrieben, ihre Mathematik hat dazu gedient, eine klare Beschreibung dessen zu liefern, was sie gesehen haben. Die erklärenden Naturwissenschaften setzen etwas hinzu, sie wollen erklären, wozu es gut ist, wie das eine vom andern abhängt, wie es gehemmt werden kann, und da hat eben die Mechanisierung der Natur angefangen.

> **»Eine Waage, die nicht zittert, kann nicht wägen. Ein Mensch, der nicht zittert, kann nicht leben«**
>
> Aus: »Das Feuer des Herkalit«

DORIS WEBER: Beschreibend heißt: sehen und staunen. Sie sind ein staunender Sucher?

ERWIN CHARGAFF: Ja, eine Beschreiber der Natur, genauso wie ein Schriftsteller, der versucht, die Natur oder eine Reise möglichst plastisch darzustellen.

DORIS WEBER: Die erklärende Wissenschaft ist zweckgebunden?

ERWIN CHARGAFF: Ja, sie geht einen großen Schritt weiter, und vielleicht gehört es ja zum Fortschritt allen Wissens, dass es zu einer Erklärung kommt. Die Beschreibung ist schon erledigt. Um Geld zu bekommen, ist es leichter, wenn es eine Erklärung gibt statt eine Beschreibung.

DORIS WEBER: Sie schreiben: der Mensch ist angetreten, um gegen die Natur zu kämpfen. Wie wird der Kampf gegen die Natur ausgehen?

ERWIN CHARGAFF: Na ja, ich bin verpflichtet zu sagen, die Natur wird immer siegen. Aber der Kampf gegen die Natur hat ja schon in frühen Zeiten begonnen. Die Bauern haben Bäume gefällt, Erde umgegraben, sie haben die Felder gezwungen, etwas hervorzubringen. Ich glaube, dass das Überleben irgendeiner Spezies immer ein bisschen Kampf gegen die Natur sein wird. Jeder Käfer, jede Pflanze muss ja für sich Raum schaffen und andern unangenehm auffallen. Das ist unvermeidlich. Am Ende jedoch muss der Mensch sich die Natur zum Freund machen, nicht zum Feind. Das würde jeder sagen, das ist eine Art Ausdruck eines naiven Fibelglaubens, dem ich auch anhänge. Ich bin ja ein Primitiver in diesen Sachen, aber ganz ohne Ellenbogen geht es nicht auf der Welt. Ein bisschen Schaden richten wir alle an.

Viel Hoffnung, muss ich gestehen, habe ich nicht. Mit erhobenem Haupt ist einmal der Mensch in den Kosmos eingetreten, in »die ewige Zier«. Und was für eine Mist- und Mördergrube er daraus gemacht hat! ∎

Aus: **»Ein zweites Leben«**

DORIS WEBER: Das scheint die Natur zu tolerieren?

ERWIN CHARGAFF: Ja. Solange sich der Mensch mit der Natur verbunden fühlte, solange Mensch und Natur eins waren. Schauen sie, bis vor hundert Jahren war der Begriff »Umwelt« unbekannt. Mit der Verwendung des Wortes »Umwelt« bezeugt der Mensch, dass er sich aus der Natur herausgenommen hat, dass er sich distanziert. dass er nicht mehr die Umwelt als Teil seiner Welt betrachtet. Er ist nicht mehr in der Welt. Die Umwelt stößt die Natur zurück. Die Natur, die sich in achtungsvoller Entfernung von dem großen Mann aufhält, das ist jetzt seine Umwelt. Und was er da tut in der Mitte, geht niemanden etwas an.

DORIS WEBER: Gibt es für Sie nützliche und nutzlose Lebewesen in der Natur?

ERWIN CHARGAFF: Ein Lebewesen auf seinen Zweck zu befragen ist unsinnig. Man kann sagen: Es lebt, um zu leben. Es ist von der Natur hingestellt, um zu leben. Ob es nützlich ist, ist die Frage dessen, der sie stellt.

DORIS WEBER: Es wird im Zusammenhang mit der Gentechnik immer wieder von einer Ethik des Verzichts gesprochen. Brauchen wir eine solche Ethik?

ERWIN CHARGAFF: Vielleicht wäre es nicht schlecht, wenn die Gesellschaft darauf käme, dass gewisse Sachen einfach nicht geschehen dürfen. Ein Beispiel: momentan wird bei Organtransplantationen davon ausgegangen, dass das Organ nicht einem lebenden Spender entrissen wird, sondern einem bereits abgelebten. Aber wenn es so weitergeht, werden wir am Schluss dann vielleicht wegen der Organe Spender klonen, fabrizieren. Wir operieren auf einer sehr schiefen Ebene und versuchen hier und da hinaufzuklettern, um umso tiefer wieder hinunterzurutschen. Ob das ungeregelt weitergehen kann, weiß ich nicht. Aber es wird ungeregelt weitergehen, denn es widerspricht dem ganzen Gedankenapparat des Westens, der europäischen und amerikanischen Gesellschaft.

DORIS WEBER: Weil sie eine Selbstbescheidung, eine Selbstbegrenzung nicht kennt?

ERWIN CHARGAFF: Es hat eine Zeit gegeben, wo sie sich darauf verlassen konn-

Jeder Aufstand muss im Herzen des Einzelnen beginnen. Die Trommeln kommen erst nachher. Trotzdem muss man angesichts der ungeheuren Bedrohung der Welt in diesem Fall eine Ausnahme machen. Mein erstes Ziel wäre eine Weltabstimmung über einen Atomwaffenstopp. Dann würde sich vielleicht herausstellen, dass einem winzigen Kain ein riesenhafter Abel entgegensteht, und eine neue Geschichte eines neuen Anfangs könnte geschrieben werden. ∎

Aus: **»Kritik der Zukunft«**

117

ten, dass das religiöse Bewusstsein des Einzelnen als Hemm-schuh wirkte. Das ist aber lange nicht mehr der Fall.

DORIS WEBER: Eines Ihrer Bücher heißt: Abscheu vor der Weltge-schichte. Haben Sie Hoffnung?

ERWIN CHARGAFF: Nein, ich habe keine Hoffnung. Hoffnung ist ein bürgerliches Wort. Die Weltgeschichte ist ein Katalog von Verbrechen und Dummheiten. Die Geschichte der Einzelnen in der Welt mag erbaulich und lehrreich sein. Aber Weltge-schichte selbst ist etwas Furcht erregendes. Und die Weltge-schichte des letzten Jahrhunderts wird eine Krönung der Grauslichkeiten sein.

DORIS WEBER: Ist die Gentechnik ein Fortschritt oder ein Rück-fall?

ERWIN CHARGAFF: In den Absichten ein Rückfall, in der Erkennt-nis ein Fortschritt. Wir wissen jetzt sicherlich mehr über die Mechanismen der Vererbung, als Mendel gewusst hat, der die ersten zögernden Schritte gemacht hat. Aber was wir damit anfangen, ist ein Rückschritt in der Moral. Ethisch gesehen ist es mies.

DORIS WEBER: Muss sich der Wissenschaftler rechtfertigen? Braucht er ein ethisches Gewissen. Schließlich, das sagen auch Wissenschaftler selbst, muss doch die Gesellschaft darüber ent-scheiden, ob und wie sie seine Erkenntnisse benutzt.

ERWIN CHARGAFF: Ein bisschen richtig ist das schon. Ein organi-scher Chemiker geht vor wie ein Schachspieler. Er setzt eine Figur und sieht, was passiert, und dann folgt die andere. Als reine Betätigung in den beschreibenden Wissenschaften ist es so: man setzt Absatz auf Absatz. Da hat man wenige ethische Fragen. Ein kniffliger Advokat würde jetzt sagen: aber wenn nun jemand kommt und die Erkenntnis des Chemikers zu sehr üblen Zwecken verwendet? Und dann wird der Chemiker sagen:

dafür bin ich nicht verantwortlich. So war es einmal. Heute ist das ein gefährliches Unternehmen, denn wir leben ja jetzt in einer Gesellschaft des Anwendungsdranges. Es muss patentiert werden, es muss finanziert werden. Dann der große Druck der Geldgeber, der endlich Zinsen sehen will und den armen Forscher bearbeitet: mach' etwas, was man verkaufen kann.

K aum hatte die physikalische Pandora ihre Geschenke aus der Büchse ausgepackt, kam schon die chemische Pandora mit ihrem Gabenkorb, und seitdem wird vergiftet und geschuftet, bestrahlt und gepfropft wie nie zuvor. Die Molekularbiologie, die Gentechnologie: Segnungen, nach denen man sich nicht gesehnt hat. Unter dem Vorwand, den Kranken zu heilen, macht man die Menschheit krank. Unter dem Vorwand, die Welt zu bereichern, macht man sie arm und elend. Der Mensch wird einsam auf der Erde, man schwätzt von Evolution, hat es aber dazu gebracht, dass jeden Tag jahrmillionenalte Tier- und Pflanzenarten auf ewig verschwinden. Wer braucht sie noch, jetzt da sie katalogisiert sind? »Wenn du ein Bild gesehen hast, hast du alle gesehen«, sagte der Esel, als man ihn ins Museum führte. ■

Aus: **»Kritik der Zukunft«**

7

Der Liebende

»Ich lebe mit dem Zauberwort ›Trotzdem‹ im Herzen«

Zukunft, wie hast du mich enttäuscht! Einmal erschienst du mir jung und schön. Jetzt aber, da ich dir näher komme, sehe ich nur ein runzliges, böses Gesicht. Du sitzt zwar auf keiner Wiese, aber auch du bist umhäuft von den bleichen Knochen der vermodernden Männer. Bald wirst du um das Kap der erloschenen Hoffnung biegen und graue Vergangenheit werden, wie alle deine Vorgängerinnen. – Dennoch gibt es das Wort Dennoch. Immer hält Odysseus das Wachs bereit für die Ohren seiner Weggenossen. Der alte böse Feind kann noch immer besiegt werden. Als es noch Tintenfässer gab, war es leichter, das wusste Luther – es geht auch mit einem Füllfeder. Mit dem Zauberwort Trotzdem im Herzen umgeht man sogar die Sirenen. Man muss aber früh am Tag aufbrechen, um vor dem Abend heimzukommen. ■

Aus: **»Das Feuer des Heraklit«**

So spricht seine zweite Stimme. So tönt die Glocke, die Erwin Chargaff erst mit seinem siebzigsten Lebensjahr anschlug, die Glocke der Dichtung und der Poesie. Außer seiner Frau und seinen Sohn, so sagt er, liebte er nichts auf dieser Welt mehr als die Musik und die Sprache. »Dichtung ist Versöhnung mit dem Wort. – Ehrfurcht kommt gleich nach Liebe«, schrieb er und: »Liebe ist der einzige Vorzug, den die Menschen den Tieren voraushaben, obwohl mir das Bellen eines Hundes mit tiefer Bassstimme besser gefällt als die Rede eines Politikers.«

DORIS WEBER: In einem fiktiven Interview, das Sie selber mit sich führen, bezichtigen Sie sich der Bequemlichkeit, Sie werfen sich Faulheit vor. Spielen Sie da nicht ein wenig mit Ihrer Eitelkeit?

ERWIN CHARGAFF: Nein. Ich habe mich nie sehr dramatisiert. Wissen Sie, es gibt Leute, die jeden Tag in der Früh, wenn sie aufwachen und aus dem Bett kommen, auf einem Gipfel stehen, auf der Spitze. Ich mache mir meinen Kaffee, lese die Zeitung und habe keinen dramaturgischen Ehrgeiz. Ich habe keine Begabung dafür. Ich finde das Ganze lächerlich. Die wahren menschlichen Belange sind mir wertvoller. Ich möchte lieber als anständiger Mensch dastehen, wenn ich vor dem Jüngsten Gericht gefragt werde, was ich in meinem Leben gemacht habe.

»Eines steht fest, wer die Zukunft retten will, muss die Gegenwart zerbrechen«

Aus: »Feuer des Heraklit«

DORIS WEBER: Sie bedauern unsere gegenwärtige Gesellschaft, weil sie den »Inbegriff der Wurzellosigkeit« verkörpert.

ERWIN CHARGAFF: Die Menschen haben sich von allem losgesagt. Sie haben sich von der Natur losgerissen, von der Gesellschaft distanziert. Es sind alles vereinzelte Wesen auf diesem Erdball. Die Familien sind zerbrochen, ein Kind-zu-Eltern-Verhältnis gibt es heute kaum noch. All das zusammen ist Wurzellosigkeit.

DORIS WEBER: Ein Zitat von Ihnen mag ich besonders gern: Beleuchtete Dunkelheit ist nicht Licht.

ERWIN CHARGAFF: Ich sage das, weil die Erklärungen, die uns vor allem in den Naturwissenschaften geboten werden, nicht der Erkenntnis dienen, sondern dem Straßenlärm. Es wird viel geschwätzt. Die Natur ist so dunkel, wie sie immer war. Die Natur hat viel geheimere und viel unzugänglichere Wege, als wir alle ahnen. Ich glaube, dass ein Lyriker, ein Musiker diesen Geheimnissen viel näher ist als ein Naturwissenschaftler, weil er sich erinnert an das, was Gott ihm gegeben hat.

DORIS WEBER: Beleuchtete Dunkelheit, so fahren Sie fort, zeigt uns nur, dass wir uns in einer Rumpelkammer befinden. Ungewissheit ist das Salz des Lebens.

Dieses Schaudern in der Nacht ist vielleicht die einzige Brücke, die uns mit dem Unsagbaren, dem Unsäglichen verbindet, dass der Mensch in seinem Leben, Denken und Hoffen, in seinem Ursprung und in seinem Ende ein ewiges Geheimnis bleiben wird, trotz aller Wissenschaft und allem Geschwätz. ∎

Aus: »**Scheidewege**«, Jg. 28

ERWIN CHARGAFF: Wenn wir genau wüssten, woher wir gekommen sind, wohin wir gehen, was wir tun werden auf dieser Welt, wäre es eine langweiliges Leben. Die Ungewissheit treibt uns weiter.

DORIS WEBER: ... und mehr Leute haben Weisheit aus dem Nichtwissen gewonnen als aus dem, was sie wissen ...

ERWIN CHARGAFF: Damit meine ich solche Größen wie Buddha oder Laotse, die ihre Nase nicht in alles gesteckt haben. Der Mensch ist unerträglich neugierig, er steckt seine Nase in alles, was ihn nichts angeht.

DORIS WEBER: Sie haben gesagt, dass Brillanz Ihnen nicht imponiert, dass Sie immer nach völlig anderen Eigenschaften Ausschau gehalten haben. Und Sie haben sie in Menschen angetroffen, die nicht auffallend gescheit waren. Welche Eigenschaften sind das?

ERWIN CHARGAFF: Eine gewisse Form von innerer Aufrichtigkeit sich selbst gegenüber. Ich kann diese Menschen, die ich liebe, besser illustrieren, wenn ich sage: das sind Hamsun-Figuren. Tiefe, einfache, aufrichtige Menschen. Es sind Menschen, denen nicht vor sich selbst graut. Die meisten Menschen, wenn man sie zwingen würde, aufrichtig zu sein, würden sagen: I spit on myself, ich spucke auf mich. Sie haben eine sehr geringe Meinung von sich. Aber diese Menschen, von denen ich spreche, die wissen, was sie wert sind, aber in einer unübertriebenen, naiven, fast demütigen Form. Sich selbst nicht zu belügen ist sehr schwer. Die meisten Menschen bauen sich auf zu einer Größe, zu einer Pose, was oft gänzlich unwirklich ist. Sie tun es als Trost dafür, dass sie es menschlich zu wenig oder nichts gebracht haben. Bei meinen Knut-Hamsun-Menschen ist das Zu-etwas-Bringen überhaupt nicht von Interesse, es können Kuhhirten sein. Diese Menschen besitzen alles, das, was wir verloren haben. Sie sind nicht wurzellos. Sie haben Heimat in sich. Sie haben ein Herz, Liebe, Wärme, sie lieben ihre Familie, ihr Kinder, ihre Frau, und, verstehen Sie mich richtig, ihr Vaterland, ihre Sprache.

> **»Mit jeder Nacht kommt die Absurdität des Todes, mit jedem Morgen die Unbegreiflichkeit des Lebens; zu Mittag isst der Mensch ein Butterbrot«**

DORIS WEBER: Glauben Sie, wir leben in der einer Welt, in der die Menschen immer weniger fähig sind, sich selbst und den nächsten zu lieben?

ERWIN CHARGAFF: Ja. Die Menschen kommen gar nicht dazu. Es wird so viel aufgepeitscht. Wenn ich sehe, wie die Kinder fernsehen, und dann kommt diese Puppe Barbie, und es wird lange darüber gesprochen, wie schön die Augen dieser Puppe sind. Es hat eine Zeit gegeben, da konnten Sie in den Dörfern herumgehen, und die alten Frauen haben schöne Märchen erzählt. Weise Frauen, die ihr Wissen an die Kinder weitergegeben haben. Grimms Märchen, die sind wirklich an der Quelle gesammelt worden. Es ist so traurig, dass heute die weisen Frauen nicht mehr gehört werden, und die armen Kinder, die dem Inneren der Welt ja viel näher stehen, sind so weit weg von diesen lebendigen Quellen.

DORIS WEBER: Wir sprechen von einer individualistischen Gesellschaft, es gibt viele so genannte Singles, viele Menschen wollen keine Kinder haben, es gibt viele Trennungen, Scheidungen, die Einsamkeit der jungen und alten Menschen ist ein kollektives Problem. Ist das ein Zeichen mangelnder Liebe, fehlenden Mitgefühls?

ERWIN CHARGAFF: Nein, es ist ein Zeichen dieser Zeit. Diese Menschen sind neurasthenisch gemacht, hypernervös, vor allem durch die Umwelt, durch alles, was ihnen begegnet. Die Menschen sind überflutet und überfordert. Es gibt keine Ruhe mehr für ein schönes Gedicht, keinen glücklichen Moment für eine wunderbare Musik. Es gehört ein immer stärkerer Charakter dazu, sich aus diesem Dreck herauszuheben. Es war viel leichter, zu Zeiten Goethes in eine Atmosphäre einzutreten, die noch halbwegs heilsam war. Schauen Sie, ich höre jeden Abend eine Stunde Musik, wer kann sich diesen Luxus heute noch leisten? Jetzt ist es ja eine gigantische Arbeit, einfach als Mensch zu leben. Einsamkeit ist dabei unvermeidlich.

DORIS WEBER: Daher diese unheimliche Angst der Menschen vor dem Altwerden?

Ich bin zu dem Schluss gekommen, dass meine Generation den Inbegriff der Wurzellosigkeit vertritt. Was sie kennzeichnet, ist das Schwinden, das Absterben der Verbundenheit. Die Stimmen der Eltern im Nebenzimmer sprechen nicht mehr. Ein jeder ist einzeln und allein. Einsam zu sein in der Menge ist der Fluch meiner Zeitgenossen gewesen. Ein wirklich frommer Mensch wurzelt in seiner Religion. ■ Aus: »**Das Feuer des Heraklit**«

ERWIN CHARGAFF: Die Menschen haben einen Begriff vom Leben und Menschsein, den ich für abscheulich halte. In Amerika extrem. Jeder Mensch war einmal jung und wird alt, wenn er lang genug lebt. Die Verachtung des Alters entspringt einer niedrigen Art von Gesinnung.

DORIS WEBER: Fanden Sie Ihre Frau auch als alte Frau schön?

ERWIN CHARGAFF: Ja. Aber diese Frage hat sich nicht ergeben. Meine Augen sind ja auch mit ihr gealtert. Ich finde es fürchtlich, zur Kosmetikerin oder zum Chirurgen zu gehen und sich glätten zu lassen. Ich glaube, dass alte Menschen in gewisser Weise sehr schön sind. Rembrandt hätte nicht gesagt: alte Leute sind hässlich. Die großen Maler haben sehr viel alte Leute gemalt.

DORIS WEBER: So sind Sie einatmend und ausatmend ein alter Mann geworden, schreiben Sie.

ERWIN CHARGAFF: So einfach ist das.

DORIS WEBER: Es hört sich so an, als sei es sehr schnell gegangen: Sie sagen, dass Sie heute noch den Klang Ihrer Kindheit im Ohr haben.

ERWIN CHARGAFF: Ja. Aber ich will auch sagen: ich bin sehr lange nicht sehr alt gewesen, und dann plötzlich. Als meine Frau gestorben ist, bin ich um viele Jahre älter geworden. Als ich 87 war, habe ich noch große Reisen gemacht mit meiner Frau, wir sind stundenlang spazieren gegangen. Aber dann ist es sehr schnell gegangen.

DORIS WEBER: Wie alt ist Ihre Frau geworden?

ERWIN CHARGAFF: 88. Lachen Sie nur. Jeder würde sagen: wer beweint schon eine 88-Jährige. Aber so ist es. Wir waren 66 Jahre verheiratet und haben uns 69 Jahre gekannt.

DORIS WEBER: Es muss sehr schwer sein, alleine zurückzubleiben.

ERWIN CHARGAFF: Es geht irgendwie. Seit dieser Zeit ist es nicht mehr gut gewesen. Ich habe auch aufgehört zu schreiben.

DORIS WEBER: Haben Sie einen Wunsch, wie alt Sie noch werden möchten?

ERWIN CHARGAFF: Nein, nein, lieber nicht. Ich bin schon zu alt. Ich habe gesagt, mit 85 ist es am besten, die Welt zu verlassen. Ich bin erst mit 90 alt geworden. Aber viele sind schon mit 70 sehr alt. Da war ich glücklich. Ich habe meine besten Texte angefangen zu schreiben, als ich 78 war. Alles, was Sie in unserem Gespräch zitieren, habe ich geschrieben, als ich in den Achtzigern war.

DORIS WEBER: Da begann Ihr zweites Leben als Schriftsteller.

ERWIN CHARGAFF: Es war der Wunsch, etwas zu ergreifen, was von meinem früheren Beruf möglichst weit entfernt liegt.

*W*as ich jedoch sagen möchte, ist, dass ich Gott danke, dass er mich auf die wundervolle Erde gesandt hat, deren Schönheit und Schmerz zu durchleben, und – insbesondere, insbesondere – dass er mich die Vera hat finden lassen. Ihr seien die letzten Worte gewidmet. ∎

Aus: **»Scheidewege«**, Jg. 28

DORIS WEBER: Hat Ihre Frau Ihre Manuskripte gelesen?

ERWIN CHARGAFF: Ja, aber sie hat sich enthalten. Wenn sie etwas gut gefunden hat, hat sie es gesagt. Aber vieles hat sie nicht entzückt, mein Nörgeln besonders.

DORIS WEBER: Waren sie auch ein Nörgler mit Ihrer Frau?

ERWIN CHARGAFF: Nein, es war nichts zum Nörgeln. Sie war in jeder Beziehung das Ideal eines im Inneren völlig aufrichtigen Menschen.

DORIS WEBER: Ihre Frau und auch Ihre Eltern waren solche Knut-Hamsun-Menschen, wie Sie sie beschrieben haben?

ERWIN CHARGAFF: Meine Eltern waren Juden, aber absolut unjüdisch. Mein Vater starb in Wien, da gab es noch kein KZ. Meine Mutter wurde aus ihrer Wohnung verschleppt, meine Bücher wurden geraubt und verbrannt. Meine Mutter wurde in ein Sammellager in Wien gebracht und dann nach Treblinka oder Auschwitz. Die Spuren verlieren sich.

Ich habe nur eine ewige Geliebte gehabt, die Vera ... Nie ist sie mir schöner erschienen, als wenn ich sie schlafend betrachten konnte. Das in Gott versammelte edle Gesicht, der sorgenlose Atem, die Freude des Fernseins vom Alltag; ich konnte lange so dasitzen, sie ansehen und nachdenken über das Glück, dass es sie gab. ■

Aus: **»Scheidewege«**, Jg. 28

DORIS WEBER: Sie schreiben sehr schön über Ihre Mutter.

ERWIN CHARGAFF: Ich habe sie sehr geliebt. Sie hat mich sehr geliebt. Außerdem war sie eine wunderbare Köchin, sie hat viel darauf gegeben, mich gut zu ernähren. Meine Eltern waren ganz normale Menschen. Es ist nichts Besonderes zu sagen. Sie lebten auf einem sehr stillen Niveau. Mein Vater hat Bücher gelesen, meine Mutter weniger. Mein Vater hat Romane gelesen, den normalen Geschmack des Bürgertums der neunziger Jahre im vorigen Jahrhundert. Er hatte einen großen Bücherschrank, er hatte Meyers Konversationslexikon in 20 Bänden, die Prachtausgaben von Goethe, Schiller und Lessing.

DORIS WEBER: Und Ihre Liebe zur Sprache, woher kommt die?

ERWIN CHARGAFF: Die Liebe zur Sprache kommt von Karl Kraus.

DORIS WEBER: Wie entdeckten Sie Karl Kraus.

ERWIN CHARGAFF: Als ich noch keine fünfzehn war, da habe ich bei einer Tante Schriften von Karl Kraus gefunden. Und da ist der Funke übergesprungen. Seitdem wollte ich alles von ihm lesen. Ich habe auch alle seine Vorlesungen in Wien gehört.

DORIS WEBER: Hiob starb alt und lebenssatt, wird man das von Ihnen auch sagen können?

ERWIN CHARGAFF: Nein. Ich würde noch nicht einmal sagen, dass ich jetzt satt des Lebens bin, solange ich mich noch bewegen kann und nicht fortwährend zu Ärzten laufen muss.

DORIS WEBER: »Da die Menschheit niemals auf eine Warnung gehört hat, wie sollte sie und wie könnte sie es in diesem Falle tun. Alles, was geschehen kann, wird geschehen, und eine lange Zeit wird vergehen müssen, bis es klar wird, ob ich Recht oder Unrecht gehabt habe«, das haben Sie geschrieben. Wie viel Zeit, Herr Dr. Chargaff, wird vergehen?

ERWIN CHARGAFF: Hundert bis hundertfünfzig Jahre. Es wird alles weitergehen. Aber es kommt der große Krach, auf den ja alle warten, wirtschaftlich, an der Börse. Welche Formen das politisch annehmen wird, kann ich mir nicht vorstellen. Aber diese Art von Gesellschaft, wie sie jetzt ist, wird keine hundert Jahre mehr weitergehen, in der Form nicht, das glaube ich nicht. Ich bin kein Prophet. Ich glaube aber: genauso wie der Kommunismus plötzlich untergegangen ist, wird sich der Kapitalismus verflüchtigen, unter mehr Gestank vielleicht. Was dann kommt, weiß ich nicht. Das Interessante ist ja, dass die Menschen konditioniert werden, es nicht zu spüren, dass sie so abgestumpft werden. Ich glaube nicht, dass eine Revolution kommen wird: ich glaube, die Menschen haben nicht mehr die Kraft dazu.

Was mich betrifft, so hätte ich Angst, dem Jahr 2062 mitzuteilen, wie es aussehen wird. Hoffentlich anders, als ich ihm voraussage. Ob es dann schon wieder Fahrräder geben wird? ∎

Aus: **»Das Feuer des Heraklit«**

DORIS WEBER: Und nach dem großen Krach? Wird es dann besser?

ERWIN CHARGAFF: Nein. Ich müsste schon für meinen Optimismus bezahlt werden. Aber ich kann mich nur als Esel deklarieren, wenn ich diese Sachen sage, denn nur ein Esel würde die Zukunft voraussagen. Es ist sicher zu sagen: es wird schon alles schief gehen. Das ist der Pessimist in mir. Ich glaube nicht an eine plötzliche Erlösung. Was ich aber nicht ausschließe, ist – da mache ich mich jetzt lächerlich –, dass irgendein Messias kommen wird, ein zweiter Jesus, einer, der die Menschen wirklich elektrisiert. Sie müssen sich vorstellen, wie das Christentum ausgesehen hat, als es jung war. Wenige Menschen waren da, und wie sich das ausgebreitet hat in ein paar hundert Jahren. Das ist möglich, jedoch ein nicht vorhersagbarer Vorgang.

DORIS WEBER: Wären Sie neugierig darauf, im Jahre 2050 noch zu leben.

ERWIN CHARGAFF: Nein, Ich schaudere bei der Idee. Wer will schon 145 Jahre alt werden?

DORIS WEBER: Mit der Gentechnik wird es bald möglich sein.

ERWIN CHARGAFF: Dann wird es nichts wert sein. Ein gentechnisch präparierter Methusalem? Nein, wirklich nicht.

So bin ich, einatmend und ausatmend, plötzlich ein alter Mann geworden, und ich verbringe meine Zeit damit, die Vierzigjährigen zu trösten, wenn sie sich über ihr Alter beklagen. Es war erst gestern, da ich mit meinen Eltern und meiner Schwester in das vom Krieg erschütterte Wien kam, das Wien von 1914. ∎

Aus: **»Das Feuer des Heraklit«**

DORIS WEBER: Gibt es eine Rettung für die Menschheit?

ERWIN CHARGAFF: Nein, ich glaube nicht. In gewisser Weise hat Jesus die Leiden der Menschen gemildert. Sie haben gewusst, wohin sie gehen, wenn sie sterben. Der Mensch ist besessen von dieser Todesangst wegen der Ungewissheit.

DORIS WEBER: Haben Sie Angst vor dem Tod.

ERWIN CHARGAFF: Ich glaube nicht. Ich habe Angst vorm Sterben, vor all diesen Grauslichkeiten, die das Sterben in unserer Zeit begleiten. Wenn man so stürbe wie in den schönen Erzählungen von Stifter: man liegt in einem großen Bett, die Familie hat sich versammelt, spricht fromme Worte. Plötzlich sagt man: er hat aufgehört zu atmen, jetzt fängt man an zu weinen, ruft den Sargmesser ..., das ist schön, so zu sterben. Aber hier ist alles so scheußlich.

DORIS WEBER: Glauben Sie, dass wir weiterleben nach dem Tod?

ERWIN CHARGAFF: Da wäre ich ein Esel, wenn ich dazu etwas sagen würde. Was immer es ist, es ist so anders, dass keine Nachricht zu uns gedrungen ist.

DORIS WEBER: Sie haben immer die dritte Seite der Münze gesucht?

ERWIN CHARGAFF: In dem Buch »Die Aussicht vom 13. Stock« schreibe ich: »Dort, wo man sagt, es ist nichts, gibt es noch immer irgendetwas, was man nicht nennen kann.« Das ist das Unnennbare, die dritte Seite der Münze.

DORIS WEBER: Sie sind ein permanenter Sucher?

ERWIN CHARGAFF: Wenn sie wollen, ja. Aber ich habe schon lange aufgehört, ich geb' schon Ruh. Das Herumstöbern im Unbekannten ist ja auch unsympathisch, immer zu schnüffeln. Man sollte eigentlich genug haben an dem, was es gibt. Es gibt genug Gutes auf der Welt. Besonders in der Musik. Das ist die einzige Art, in der der Mensch mit Gott sprechen kann, wirklich sprechen kann. Musik. Es gibt Sonaten von Schubert, die von einem Engel geschrieben sind. Es gibt Mozart. Und das ist vielleicht der einzig legitime Trost, den man hat. Ich habe gelesen, dass sogar der bittere gallige Schopenhauer in der Nacht manchmal zu seiner Flöte gegriffen und gespielt hat.

DORIS WEBER: Sie lieben die Künste, sie lieben das Lächeln eines Kindes, das Gesicht eines Greises, den Wimpernschlag eines Schmetterlings.

ERWIN CHARGAFF: Ja, und ich danke Gott dafür, dass er mir gestattet hat, das alles zu erleben.

Epilog

Beim Hinausgehen zeigt er mir seine Bibliothek, seine schönsten Wörterbücher, und er sagt, dass er immer die dritte Seite der Münze gesucht habe und dass es zu seinen wünschenswerten Eigenschaften gehört, dass er gerne Kirschen isst. Es ist Kirschzeit. Das nächste Mal, vielleicht im nächsten Jahr, denke ich, werde ich ihm Kirschen mitbringen. Das nächste Mal?? – Das Telefon klingelt. Ein Journalist aus Washington meldet sich an, er will ein Interview machen mit Erwin Chargaff. Nicht mit dem berühmten Naturwissenschaftler aus dem ersten Leben, und auch nicht mit dem Schriftsteller aus dem zweiten Leben. Er will mit dem letzten noch lebenden Schüler und glühenden Verehrer von Karl Kraus sprechen. Nächste Woche Freitag. Erwin Chargaff willigt ein. Unter Vorbehalt: »Rufen Sie mich Mittwoch noch mal an und vergewissern Sie sich, ob ich dann noch lebe. Ich bin nämlich schon 94 Jahre alt.« Wir verabschieden uns mit freundlichen Augen und von ganzem Herzen. Er sagt nicht: »Auf Wiedersehen.«

Die Menschen in meiner Welt? Sie sind immer blässer geworden mit der Zeit, und dann hat der Tod die meisten ausgelöscht. Wir waren immer eine sehr kleine Familie gewesen, mein Vater und meine Mutter hatten je zwei Schwestern, und so gab es noch ein paar Onkel, Tanten, Cousins, von denen, so viel ich weiß, keiner mehr am Leben ist. Die Ungeziefervernichtung des Tausendjährigen Reiches hat dafür gesorgt, so wie die Blutpeitsche unseres lieblichen Jahrhunderts aller Genetik vorgegriffen hat. Wenn es eine Steigerung des Wortes »allein« gibt, so sollte ich sie auf mich anwenden. Mit dem Tod meiner Frau habe ich die Gegenstimme meines Lebens verloren, und unser einziges Kind, mein Sohn, lebt so weit weg, wie es geographisch möglich ist, in Los Angeles. ■ Aus: »**Scheidewege**«, Jg. 28

Mir scheint, dass für jeden Menschen, der alt wird, der Augenblick kommt, da er vor lauter und vor lautem Reden mit sich selbst kaum mehr hört, was andere zu ihm sagen. – Wenn man sich nur an Tote erinnern kann, verlischt alles Licht im Gedächtnis. Es ist wie die Mitternachtsmesse, die alten Sagen zufolge die Toten am Altar feiern. Plötzlich werden die Schatten von keiner Sonne mehr geworfen, es ist Nacht geworden um den Alten, vielmehr eine durchsichtige Unbelichtung. Die Träume sind blass geworden, blutlos, unemphatisch; wenn sie erschrekken können, so ist es durch ihre Trivialität. Meistens bleiben sie ganz weg, denn der Schlaf ist vielfach ein zerbrochener Halbschlaf geworden, eine zögernde Dämmerung unter den geistlosen Türmen von Manhatten, zwischen Hupen und Sirenen. Die Wolken, frevelhaft geritzt, bluten grau. ■ Aus: »Ein zweites Leben«

Und nun folgt noch die kleine Geschichte für meine Enkelkinder: Am letzten Tag unserer langen Gespräche, wie gesagt, es war am 28. Mai 1999, haben wir ein Rendezvouz im Central Park. Nie hätte ich davon zu träumen gewagt, dass ich in meinem Leben eines Tages Arm in Arm mit diesem von mir so verehrten Naturwissenschaftler und Schriftsteller spazieren gehen würde. Über uns strahlend blauer Himmel.

In kleinen Schritten, begleitet von dem rhythmischen Klick-Klack seines Stocks, der uns den Takt angibt, führt Erwin Chargaff mich zum Kinderspielplatz. »Schauen Sie«, sagt er mit leuchtenden Augen. Ich folge seinem Blick und sehe ein steinernes Rhinozeros, das sich aus der Tiefe der Erde erhebt, seinen Kopf durch den Asphalt bohrt und den Stein zum Bersten bringt. »Das ist auch eine Möglichkeit«, murmelt Erwin Chargaff, und plötzlich scheint mir dieses Rhinozeros, das sich so tapfer und unbeirrbar seinen Weg mit dem Kopf durch den Stein bahnt, eine Metapher zu sein für das Leben dieses alten Mannes an meiner Seite.

Auf dem Nachhauseweg bedankt er sich für diesen schönen Spaziergang: »Wer weiß, wann ich das nächste Mal wieder in den Park komme. Alleine traut man sich nicht mehr, wenn man so alt ist wie ich.« Und dann spricht er ganz ohne Pathos über den Tod.

Als Michelangelo auf der sixtinischen Decke die Erschaffung Adams darstellte, ließ er nur einen kurzen Abstand frei zwischen Gottes Finger und dem Adams, aber diese wenigen Zentimeter erschienen mir, als ich das Bild zum erstenmal sah, als das Abbild der Ewigkeit. ■ Aus: »**Scheidewege**«, Jg. 28

M an liegt in einem matten Viertelschlaf, und da kommt es zu einem, wie ein leichter Krampf, wie ein leises Pochen an den Eispanzer des Gewesenseins, ein stimmloses Zeichen. Ob es Warnung ist, Mahnung oder Weckruf, du kannst nicht umhin, sofort eine Art von Übersetzung zu versuchen: »Vergesst mich nicht.« ■

Aus: **»Scheidewege«**, Jg. 28

QUELLENNACHWEISE

Die im Buch eingestreuten Aphorismen entstammen:
Erwin Chargaff. Bemerkungen.
© Erwin Chargaff, New York 1981.
Klett-Cotta, Stuttgart, 1982

Erwin Chargaff. Kritik der Zukunft. Essay.
(Cotta's Bibliothek der Moderne)
© Erwin Chargaff, New York 1983.
Klett-Cotta, Stuttgart 1986

Erwin Chargaff. Ein zweites Leben.
Autobiographische und andere Texte.
© Erwin Chargaff, New York 1995.
Klett-Cotta, Stuttgart 1995

Erwin Chargaff. Das Feuer des Heraklit.
Skizzen aus einem Leben vor der Natur.
© Erwin Chargaff New York 1979.
Klett-Cotta, Stuttgart 1979

Scheidewege:
Jahresschrift für skeptisches Denken.
Jahrgang 28, 1998/99.
Verlag Scheidewege, Baiersbronn 1998
Anschrift Scheidewege:
Saarstraße 7, 72270 Baiersbronn

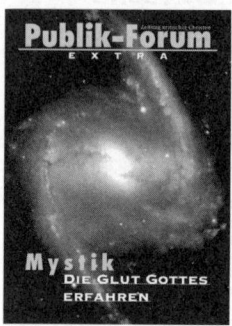